电机学、电机与拖动实验教程

章 玮　白亚男　编著

浙江大学出版社

图书在版编目（CIP）数据

电机学、电机与拖动实验教程 / 章玮编著. —杭州：
浙江大学出版社，2006.1（2021.7 重印）
　ISBN 978-7-308-04565-0

　Ⅰ.电… 　Ⅱ.章… 　Ⅲ.①电机学－实验－高等学校－教
材②电力传动－实验－高等学校－教材　Ⅳ.
TM3-33 　TM921-33

　中国版本图书馆 CIP 数据核字（2007）第 007791 号

电机学、电机与拖动实验教程

章　玮　白亚男　编著

责任编辑	杜希武
封面设计	刘依群
出版发行	浙江大学出版社
	（杭州天目山路 148 号　邮政编码 310007）
	（网址：http://www.zjupress.com）
排　版	杭州中大图文设计有限公司
印　刷	广东虎彩云印刷有限公司绍兴分公司
开　本	787mm×1092mm　1/16
印　张	7.5
字　数	188 千
版 印 次	2006 年 1 月第 1 版　2021 年 7 月第 5 次印刷
书　号	ISBN 978-7-308-04565-0
定　价	29.00 元

内 容 简 介

　　电机实验作为一门基础技术实验课程,目的在于培养学生掌握基本的实验方法,能根据实验目的拟定线路、选择仪表、确定试验步骤、测取数据,并在此基础上进行分析研究。

　　本书实验包括直流电机、变压器、异步电机、同步电机以及电机拖动等 11 个实验内容,达到了《电机学》与《电机与拖动基础》实验课程教学大纲的要求。

前　　言

本书是在原浙江大学电机及其控制教研室任礼维、张杰官老师编著的《电机与拖动实验》基础上,针对浙江大学方圆科技产业有限公司开发研制的 DTSZ-1 电机实验系统编写的教学实验指导教材。

《电机学》与《电机与拖动基础》实验包括直流电机、变压器、异步电机、同步电机以及电机拖动等十一个实验内容,达到该实验课程教学大纲的要求。教师可根据课时的需要,使学生通过针对性的实验,来巩固和加深对电机理论的理解,培养学生分析和解决实际问题的能力。

电机实验作为一门基础技术实验课程,目的在于培养学生掌握基本的实验方法和操作技能,使学生能根据实验目的拟定试验线路、选择仪表、确定试验步骤、测取数据,并在此基础上进行分析研究。

一个完整的电机实验应包括以下几个方面:

1. 实验前的准备

(1)复习教材中的有关内容,阅读实验指导书及与本实验有关的参考资料,明确实验要求。

(2)写出实验预习报告。预习报告通常包括:(a)实验内容和步骤;(b)实验线路图;(c)实验时应保持的条件和要测取的数据;(d)实验过程中的注意事项。

2. 实验过程中的要求

(1)熟悉被试机组和所选仪表,记录设备的铭牌和仪表量程。

(2)根据实验线路图,按图接线,线路力求简单明了。接线原则是先串联主回路,再接并联支路。由电源开关后开始,连接主要的串联电路。如是单相或直流电路,则从电源的正极出发,经过主要线路的各段仪表、设备,最后返回到电源的负极;如是三相电路,则应三根线一齐往下接。导线的长短、粗细应根据仪表的分布位置和流过电流的大小确定。

(3)在实验正式开始前,校准各台仪表的零位。在实验过程中,如果需要调节负载或改变电阻、电压、转速等物理量,必须考虑参数间的互相影响,随时注意其他应保持不变的物理量是否发生了变化或超过了额定值。

(4)根据预定实验计划测取实验数据,对所记录数据的合理性随时进行检查,以免返工。

3. 实验报告

实验报告应简明扼要、字迹清楚、图表整洁、结论明确。内容应包括:

(1)专业班级、实验组别、姓名、同组人,实验日期。

(2)实验名称、实验目的、实验内容、实验步骤及相应线路图,并注明实验所用仪表的量程。

(3)数据整理和计算。记录数据的表格上应详细注明实验条件,数据计算要列出计算公式。

(4)曲线绘制。绘制曲线时,应选择合适的坐标系。需要进行比较的曲线应画在同一坐标系中。各坐标轴应标明所代表物理量的名称和单位。实验所测取的数据点应明确标出,曲线要光滑连接,不要连成"折线",各条曲线应标上所代表的函数关系。

(5)结果分析。对实验结果和实验中出现的现象进行简单明确的分析,对实验中的物理概念进行探讨,对实验过程中的经验、教训、体会及收获进行小结。

目　　录

DTSZ-1 型电机实验系统简介

DTSZ-1 型电机实验系统由主控制屏和各种挂箱形式的测量仪表构成。保护系统齐全,操作方便。其系统部件包括:

规格型号	部件名称及内容	规格型号	部件名称及内容
DT01	主控制屏	DT26	并车开关
DT02	220V 直流稳压电源	DT31	继电接触控制箱一
DT03	励磁电源(供直流电机、同步电机)	DT32	继电接触控制箱二
DT04	直流电机调节电阻	DT40	三相组式变压器
DT05	绕线电机启动电阻	DT41	三相三线圈芯式变压器
DT06	电机导轨及涡流测功系统	D13	复励直流发电机
DT07	步进电机驱动系统	D14	串励直流电动机
DT08	步进电机电源	D15	三相绕线式异步电动机
DT10	数显直流电压、电流、毫安表	D16	三相同步电动机
DT11	数显交流电压表(共三组)	D17	并励直流电动机
DT12	数显交流电流表(共三组)	D21	三相笼型异步电动机
DT13	数显功率表、功率因数表	D22	单相电阻启动电动机
DT20	三相可调电阻(0.65A,0~900Ω)	D23	单相电容启动电动机
DT21	三相可调电阻(1.3A,0~90Ω)	D24	单相电容运转电动机
DT22	三相可调电抗	D25	变极双速异步电动机
DT23	三相可变电容	D26	80W 直流电动机
DT24	整步表及旋转指示灯	D31	步进电机
DT25	波形测试及开关板		

“DTSZ-1 型电机实验系统”的外观如图 0-1 所示,下面简单介绍一下实验系统主要模块的功能及其使用。

一、电源主控制屏 DT01

电源主控制屏 DT01 面板图如图 0-2 所示,它提供三相 0~450V 可调交流电源、交流测量仪表、转速、转矩显示和加载系统,电压、电流漏电保护系统和过载保护系统,报警记录显示、各

图 0-1　实验系统整体图

部件工作电源以及荧光灯照明。

DT01 的实际使用步骤为：

（1）合上钥匙开关（钥匙开关置于开状态），主控制屏停止按钮（红色）点亮。按下主控制屏上的绿色按钮，主控制屏输出交流电源，三相相电压监测仪表显示输入线电压（电压监测开关置于进线输出电压指示）。

（2）调节主控制屏左侧调压旋钮调节输出电压。通过三相电压表监测电压（选择开关置于输出电压）。

（3）主控制屏上告警记录指示为 0，表明正常初始化，进入计数工作状态。

（4）主控制屏上电机负载转矩和转速显示，在未接入输入信号和工作电源时，输出为随机数。

二、220V 直流可调稳压电源 DT02

220V 直流可调稳压电源 DT02 面板图如图 0-3 所示，它的主要功能为：

（1）开关控制电源输出，直流电压从接线柱"＋"和"－"输出。

（2）通过电位器调节，输出 50～240V 左右的直流电压（电位器在逆时针到底位置时输出电压最低，为 50V 左右）。

（3）数字显示输出电压和电流值。

三、励磁电源 DT03

励磁电源 DT03 面板图如图 0-4 所示，它的主要功能为：

（1）开关控制电源输出。提供直流电机励磁电源（220V，0.5A），或 32V 直流可调同步电机励磁电源（2.5A）。

（2）数字显示输出电流值。

（3）具有短路保护功能。

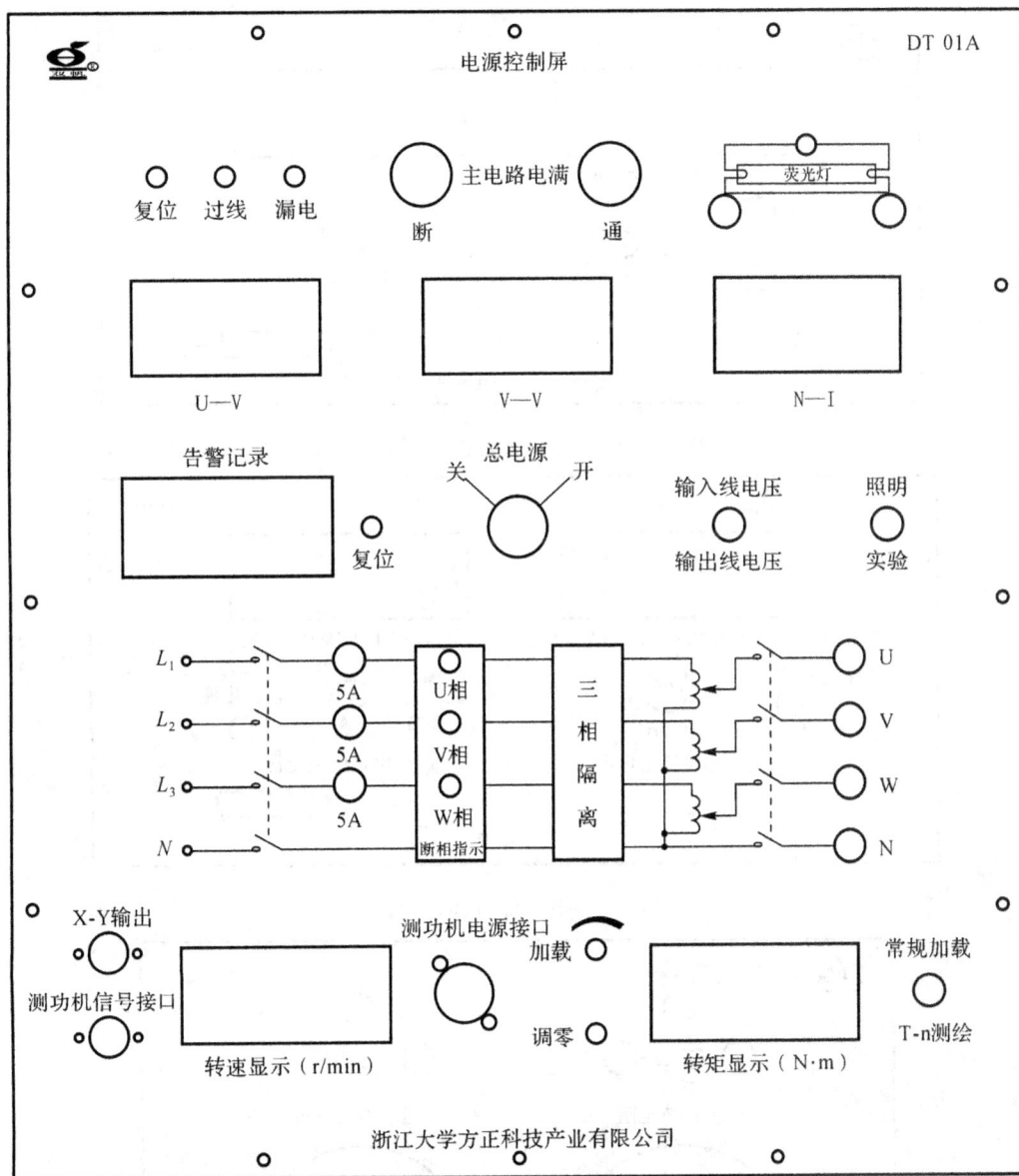

图 0-2 电源主控制屏面板图

四、直流电机调节电阻 DT04

直流电机调节电阻 DT04 面板图如图 0-5 所示,它提供直流电机电枢调节电阻($0\sim90\Omega$)和直流电机励磁调节电阻($0\sim3000\Omega$),沿顺时针旋到底电阻值最大。

五、绕线电机调节电阻 DT05

绕线电机调节电阻 DT05 面板图如图 0-6 所示。作为绕线电机启动调节电阻($0-2-5-15-\infty$),沿顺时针旋到底电阻值最大。它具有三相电阻连轴调节的功能。由于受到功率的限制,电阻仅作为绕线电机启动调节用,正常启动后,应切除。

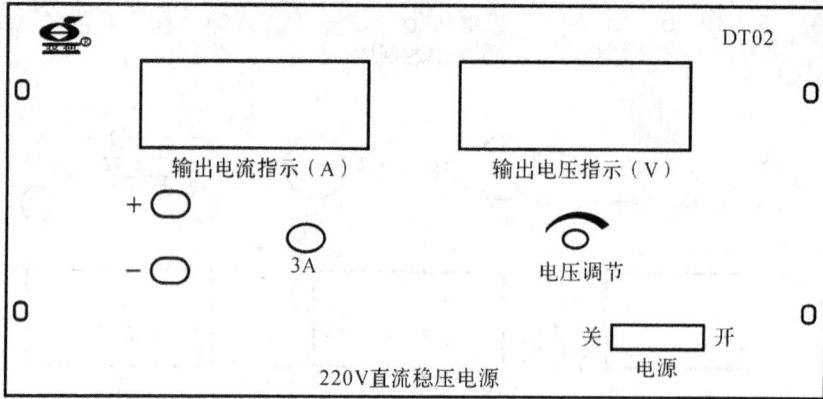

图 0-3　220V 直流可调稳压电源面板图

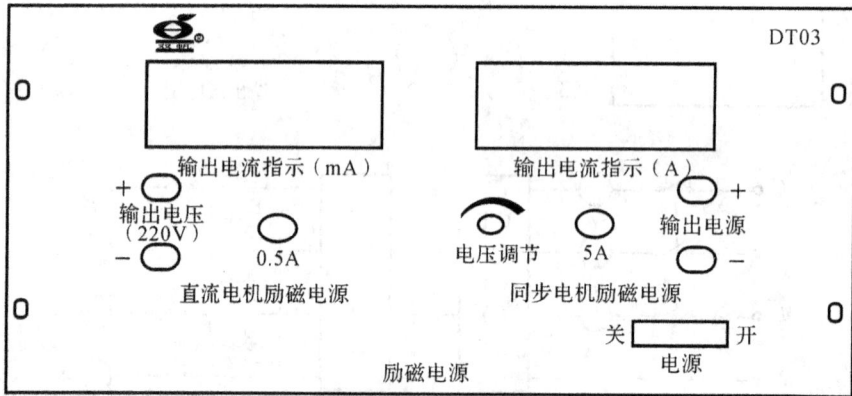

图 0-4　励磁电源 DT03 面板图

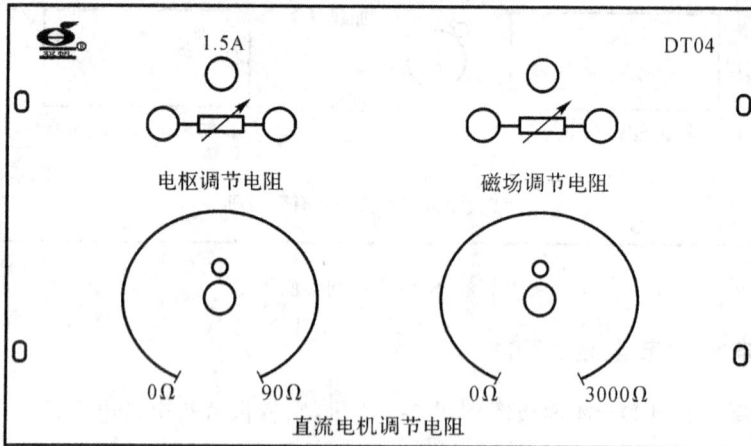

图 0-5　直流电机调节电阻 DT04 面板图

六、测功机

测功机如图 0-7 所示,使用步骤为:

(1)将被测电机和涡流测功机同轴相连。

(2)调节 DT01 面板上的转矩显示调零电位器,使 DT01 面板上的输出转矩显示为零,作

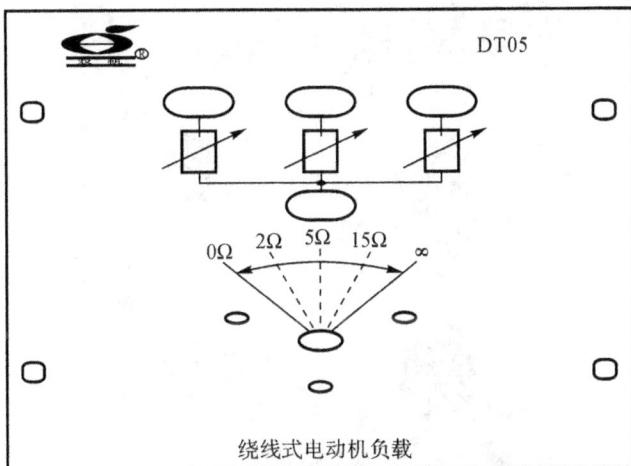

图 0-6　绕线电机调节电阻 DT05

图 0-7　测功机

为起始点。

(3)调节加载旋钮,数字显示所加负载。在初始加载时,转矩的产生滞后于加载电位器的调节速度。在初始加载时,切勿快速旋转加载电位器,以免加载过冲。

(4)在加载时,确定电机转向为正。判断正转向的方法:从 DT01 面板上的转速表观察,转速表显示读数为正;或从测功机的轴伸端观察,电机顺时针旋转,表明电机转向为正。

七、三相可调电阻 DT20、DT21

三相可调电阻 DT20、DT21 如图 0-8 所示,它的主要功能为:

(1)DT20 提供三组可调电阻,每组由两个可变电阻(0～900Ω、0.41A)构成,同轴调节。有熔断器作为过流保护(0.5A)。

(2)DT21 提供三组可调电阻,每组由两个可变电阻(0～90Ω、1.3A)构成,同轴调节。输出加熔断器作为过流保护(1.5A)。

八、三相可调电抗 DT22

三相可调电抗 DT22 如图 0-8 所示,它提供三组独立的、感抗为 1H 的电感和三相独立的调压器,可作为调压器和负载使用。

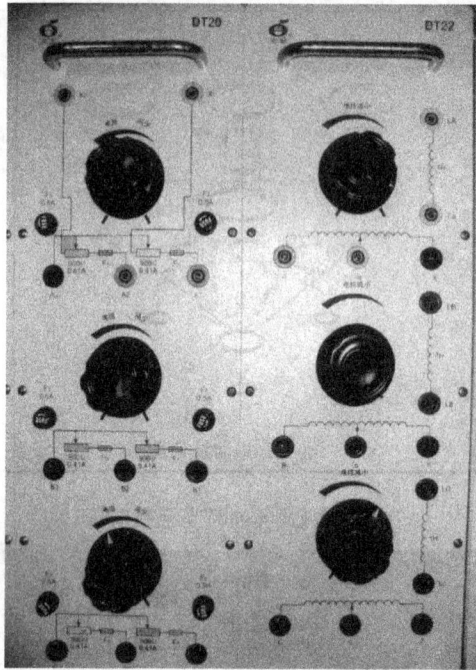

图 0-8　三相可调电阻、电抗

九、三相可变电容 DT23

三相可变电容 DT23 的主要功能为：

（1）提供三相可变电容。

（2）开关切换输出 1、2、2、4、4μF，三相通过接线柱分别输出。

（3）琴键开关切换输出电容：$0.1 \sim 0.9 \mu F$，由一个琴键开关切换同时输出三组至相应的输出接线柱。

十、数字直流电压、电流、毫安表 DT10

数字直流电压、电流、毫安表 DT10 的面板图如图 0-9 所示，它的主要功能为：

（1）电压表量程：5V、20V、50V、100V、250V、500V，输入阻抗为 1MΩ。

（2）电流表 1 量程：25mA、100mA、250mA、1A、2.5A、5A，输入阻抗为 0.1Ω。

（3）电流表 2 量程：$200\mu A$、2mA、20mA、200mA，输入阻抗为 5Ω。

（4）量程切换采用上升、下降按键，红色指示灯显示所选量程。各档均具有超量程保护、自锁、报警功能，报警的同时切断总开关电源。

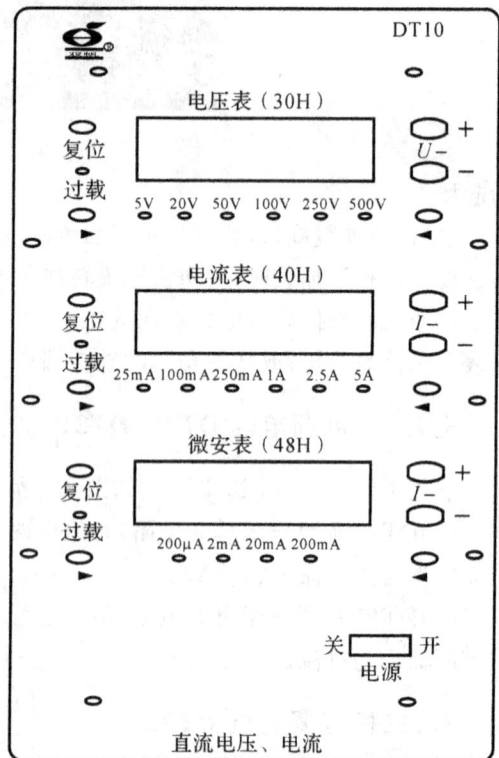

图 0-9　数字直流电压、电流、毫安表 DT10

十一、数字交流电压表 DT11

数字交流电压表 DT11 的主要功能为：

(1)提供三只数字式电压表。电压表量程：20V、50V、100V、250V、500V，输入阻抗为 1MΩ。

(2)量程切换采用上升、下降按键，红色指示灯显示所选量程。各档均具有超量程保护、自锁、报警功能，报警的同时切断总开关电源。

十二、数字交流电流表 DT12

数字交流电流表 DT12 的主要功能为：

(1)提供三只数字式电流表。电流表量程：25mA、100mA、250mA、1A、2.5A、5A，输入阻抗为 0.1Ω。可同时用来测量三路不同回路电流的大小。

(2)量程切换采用上升、下降按键，红色指示灯显示所选量程。各档均具有超量程保护、自锁、报警功能，报警的同时切断总开关电源。

十三、数字单、三相功率表及功率因数表 DT13

数字单、三相功率表及功率因数表 DT13 的面板图如图 0-10 所示，它提供两只数显功率

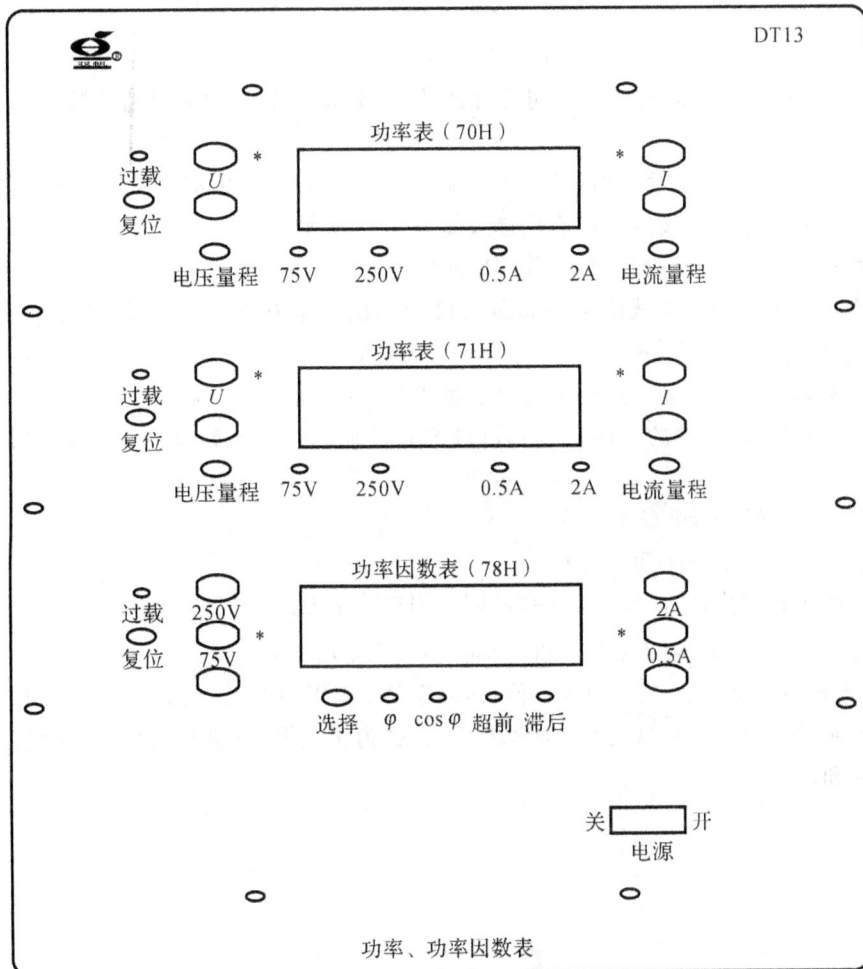

图 0-10　数字单、三相功率表及功率因数表 DT13

表和一只数显功率因数表。可用于测量单相或三相总功率及功率因数的大小。

　　(1)功率表的电压量程为75V和250V两挡,电流量程为0.5A和2A两挡,量程切换采用上升、下降按键。通电之前需检查电压挡、电流挡的量程是否适宜。

　　(2)功率因数表量程和功率表相同,通过功能键切换来选择显示相位差或功率因数,实时自动显示相位超前或滞后关系(以电压为基准,显示的相位是电流超前电压还是电流滞后电压)。

　　(3)电压接线柱标有"＊"的端口与电流接线柱标有"＊"的为同名端。

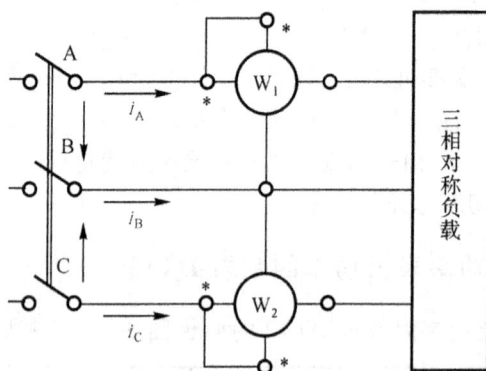

图0-11　三相功率测试线路

　　(4)功率表及功率因数表都接线测量时,实际功率值P等于功率表的读数乘以功率因数表的读数。

　　(5)测量三相对称负载功率时,可采用两瓦特表法,三相总功率等于两瓦特表读数之和。两功率表的电压和电流线圈极性的正确连接法如图0-11所示。

　　采用两瓦特表法测两三相对称负载功率的原理简述如下:

　　两功率表的电压和电流线圈采用如图0-11所示的连接方法,功率表的电流线圈串入"A、C"相,测取负载电流。电压线圈的"＊"端与同一功率表中电流线圈的"＊"端相连,电压线圈的另一端接到不接功率表B相。这样,施加在功率表W_1上的电压为U_{AB},$\dot{I}_A=30°+\varphi$,φ为负载功率因数角。功率表W_2施加的电压为U_{CB},流过的电流为$\dot{I}_C=30°-\varphi$,故两功率表测出的功率分别为:

$$P_1=U_{AB}I_A\cos(30°+\varphi)$$
$$P_2=U_{CB}I_C\cos(30°-\varphi)$$

　　由于三相负载对称,$U_{AB}=U_{CB}$,$I_A=I_C$,则三相总功率为:

$$P=P_1+P_2=2U_{AB}I_A\cos30°\cos\varphi=\sqrt{3}\,U_{AB}I_A\cos\varphi$$

　　可见,当$\varphi<60°$时,P_1和P_2均为正值,功率表W_1和W_2均为正读数;当$\varphi>60°$时,P_2为正值,P_1为负值,功率表W_1读数为负,功率表W_2读数为正。因此,负载的总功率应为两功率表读数的代数和。

第一章 直流电机

实验一 直流电动机认识实验

一、实验目的

1. 进行电机实验的安全教育和明确实验的基本要求。
2. 认识在直流电机实验中所用的电机、仪表、变阻器等组件。
3. 学习直流电动机的接线、启动、改变电机转向以及调速的方法。

二、预习内容

1. 直流电机的结构及工作原理。
2. 直流电机启动时,为什么在电枢回路需要串接启动变阻器?
3. 直流电动机启动时,励磁回路串接的磁场变阻器应调到什么位置?
4. 如何改变电动机的旋转方向?
5. 直流电机的转速和哪些因数有关?

三、实验项目

1. 了解 DTSZ-1 实验装置中电机实验台的直流稳压电源(DT02)、测功机(DT06)、变阻器、直流电压电流表(DT01)、并励直流电动机(D17)的使用方法。
2. 检查和调整电机电刷的位置。
3. 进行直流电机的试运转,包括电动机的启动、调速及改变转向实验。

四、实验说明及操作步骤

选用并励直流电动机编号为 D17,其额定数据为:

$$P_N=185W, \ U_N=220V, \ I_N=1.1A, \ n_N=1600r/min, \ I_f<0.16A。$$

1. 由实验指导人员讲解电机实验的基本要求、安全操作和注意事项。DTSZ-1 实验装置上的使用说明见前言的内容。
2. 仪表、负载电阻与调节变阻器的选择

选择电压表和电流表时,按实验中可能达到的最高电压及电流值来选择量程;选择电阻时,按通过它的最大电流值和所需要的电阻值来选择。

3. 用伏安法测电枢绕组的冷态直流电阻

将电机在室内放置一段时间,用温度计(自备)测量电机绕组端部或铁心的温度。当所测温度与冷却介质温度(这里指室温)之差不超过 2K 时,即为实际冷态。记录此时的温度和测量定子绕组的直流电阻,可用于计算基温定子相电阻。

实验所需设备:并励直流电动机(D17),220V 直流电源(DT02),开关(DT26),直流电流表和直流电压表(DT10),可变电阻箱(DT21)。

量程的选择:

(1)测量电枢电阻时,通过电枢电阻的电流一般为电机额定电枢电流,所以,直流电流表量程选为 2.5A,直流电压表量程选为 50V,可变电阻器 R 的阻值选为 360Ω(4 个 90Ω,1.3A 串联)。

(2)测量磁场电阻时,直流电流表量程选为 1A,直流电压表量程选为 250V,可调电阻 R 的阻值选为 540Ω(6 个 90Ω,1.3A 串联)。

采用伏安法测量绕组电阻的接线如图 1-1 所示。

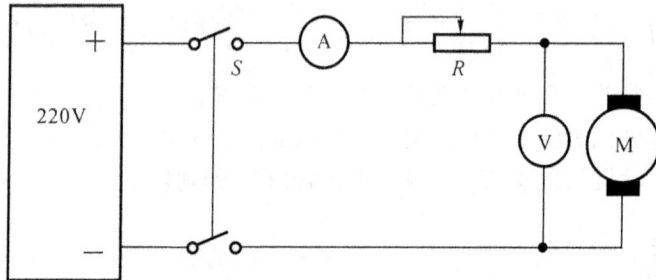

图 1-1　伏安法测绕组电阻

测量电枢电阻时,将电阻 R 调至最大值,然后接通电源,调节变阻器 R 使试验电流至额定值(1.1A),测量此时绕组的电压值和电流值,并记录于表 1-1;测量时要在转子互差 120°机械角度的位置下分别测量三次,取平均值,并同时记录室温。

表 1-1

电枢	0°位置	120°位置	240°位置	平均值
$I(\text{A})$				
$U(\text{V})$				
$R(\Omega)$				

测量磁场电阻时,将图 1-1 中的电枢绕组换接成励磁绕组,将电阻 R 调至最小值,然后接通电源,调节变阻器 R 使试验电流接近额定值(约 100mA),测量此时的绕组电压值和电流值,并记录于表 1-2。

表 1-2

$I(\text{A})$	$U(\text{V})$	$R(\Omega)$

4. 检查和调整电机电刷的位置

实验设备为：并励直流电动机(D17)，220V 直流电源(DT02)，开关(DT26)，直流电流表和直流电压表(DT10)，可变电阻箱(DT20)。

量程选择为：直流电流表量程选为 1A，直流电压表量程选为 20V，变阻器 R 的阻值选为 5400Ω(6 个 900Ω，0.41A 串联)。

将电机的励磁绕组和电枢绕组按图 1-2 接线。

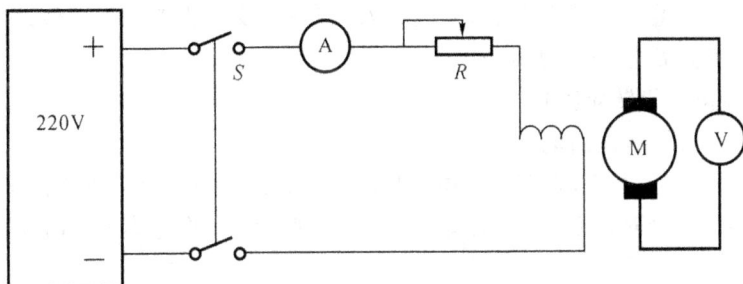

图 1-2　检查电机电刷位置接线图

将可调电阻 R 调至最大阻值处，合上 220V 直流电源开关，再合上开关 S，使电机励磁绕组通电。这时将 S 打开、再合上，观察励磁电流 I_f 变化瞬间直流电压表是否发生偏转。如果偏转很小，则逐渐加大励磁电流(调小变阻器 R 阻值)，重复上述步骤，直至 I_f 加大到额定励磁电流为止。如果直流电压表偏转还是很小，则说明电刷位置在几何中线上。反之，如果偏转很大，则要松开电机固定电刷的螺丝，仔细调整电刷位置直至开、合 S 时电压表偏转很小为止。

电机不转时，电枢绕组可以看成一个螺旋管。当电刷在几何中线位置上时，这个螺旋管的轴线与励磁绕组的轴线垂直，因而两个绕组之间没有磁力线的交链。所以当改变励磁电流时，在两电刷之间不产生感应电势。如果电刷不在几何中线位置上，当改变励磁电流时，电枢绕组中将产生感应电势。

5. 并励直流电动机的启动实验

实验设备为：电机导轨，220V 直流电源(DT02)，并励直流电动机(D17)，直流电压电流表(DT10)，电枢调节电阻(0～90Ω—DT04)，磁场调节电阻(0～3000Ω—DT04)。

量程的选择：直流电压表的量程选为 250V，直流电流表 A_1 的量程选为 2.5A，直流毫安表 A_2 的量程选为 200mA。

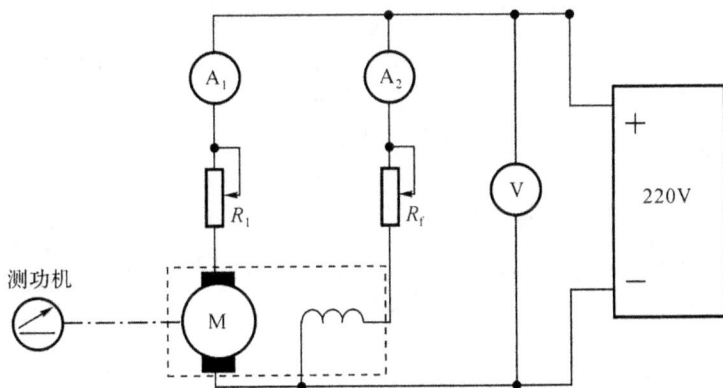

图 1-3　直流电动机启动实验接线图

按图 1-3 接线。实验前先将 R_1 调至最大阻值，R_f 调至最小阻值，合上 220V 直流电源开关，电机启动，观察电机旋转方向是否与测功机加载方向符合（此说明具体见前言）。调节 220V 电源调压旋钮，使电源输出电压为 220V。逐渐减小电阻 R_1，直至完全切除，电机启动完毕。

6. 并励直流电动机的调速实验

实验设备与所选量程与启动实验相同。

实验接线同图 1-3，电动机启动后，分别调节电枢电阻 R_1 和磁场调节电阻 R_f，观察电动机转速的变化情况。注意在弱磁调速（增大电阻 R_f）时一定要监视电动机的转速，绝不允许超过1.2 倍的额定转速。实验完毕，断开电源。

7. 改变直流电动机转向实验

实验设备与所选量程同启动实验。

按图 1-3 接线，启动电机，观察此时电动机的旋转方向；断开电源，将直流电机的电枢绕组或励磁绕组两端的接线对调后，重新启动电动机，再观察此时的电动机转向，是否与原来的不一样。实验完毕，断开电源。

五、实验报告

1. 试说明电动机启动时，启动电阻 R_1 和磁场调节电阻 R_f 应调节到什么位置？为什么？

2. 增大电枢回路的调节电阻，电机的转速是如何变化的？增大励磁回路的调节电阻，转速又如何变化？

3. 用什么方法可以改变直流电动机的转向？

4. 为什么要求直流并励电动机磁场回路的接线要牢靠？

5. 写出实验中的心得体会。

实验二　直流发电机特性实验

一、实验目的

1. 掌握用实验方法测定直流发电机的运行特性。
2. 通过实验观察并励发电机的自励过程和自励条件。

二、预习要点

1. 什么是发电机的运行特性？对于不同的特性曲线，在实验中哪些物理量应保持不变，哪些物理量应测取？

2. 做空载实验时，励磁电流为什么必须单方向调节？

3. 什么是电枢反应？发电机的电枢反应对性能有什么影响？

4. 并励发电机的自励条件有哪些？

三、实验项目

1. 直流他励发电机
(1)空载特性：保持 $n=n_N$ 和 $I=0$，测取 $U_0=f(I_f)$。
(2)外特性：保持 $n=n_N$ 和 $I_f=I_{fN}$，测取 $U=f(I)$。
(3)调节特性：保持 $n=n_N$ 和 $U=U_N$，测取 $I_f=f(I)$。

2. 直流并励发电机
(1)自励过程。
(2)外特性：保持 $n=n_N$ 和 $R_f=$ 常值，测取 $U=f(I)$。

3. 直流复励发电机
(1)积复励和差复励接法的判别。
(2)积复励发电机外特性：保持 $n=n_N$ 和 $R_f=$ 常值，测取 $U=f(I)$。

四、实验线路及操作步骤

实验用直流发电机选用编号为 D13 的电机，其额定数据为：$P_N=100W$，$U_N=200V$，$I_N=0.5A$，$n_N=1600r/min$。

1. 他励直流发电机
(1)空载特性
实验设备有：直流电动机(D17)，直流发电机(D13)，电机导轨(DT06)，220V 直流电源(DT02)，直流电压电流表(DT10)，可变电阻箱(DT21)，开关(DT26)，电枢调节电阻(0~90Ω—DT04)，磁场调节电阻(0~3000Ω—DT04)。

量程选择为：直流电压表 V_1、V_2 的量程选为 250V；直流电流表的量程选为：A_1 为 2.5A，A_2 为 0.5A，A_3 为 1A，A_4 为 1A；R_1 为电枢调节电阻，R_{f1} 为磁场调节电阻，R_{f2} 采用分压器接法，阻值为 900Ω，R_L 阻值为 2250Ω(2 个 900Ω，0.41A 并联再与 2 个 900Ω 串联)。

注意：因为每只 900Ω 的电阻允许电流为 0.4A，当负载电流大于 0.4A 时(将串联部分的电阻调到零),用并联部分的电阻,否则将烧坏串联部分的电阻。

安装电机时,将电动机和发电机与测功机同轴相联,旋紧固定螺丝。按图 1-4 实验线路接线。

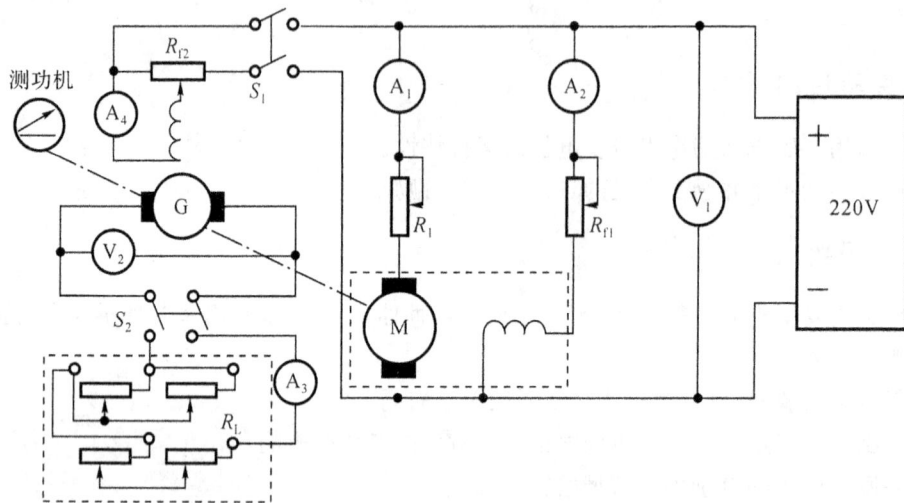

图 1-4　直流他励发电机实验接线图

打开 S_1、S_2 开关,把 R_{f2} 调至输出电压最小的位置,测功机旋钮旋至最小位置,R_{f1} 至最小,R_1 至最大,合上 220V 直流电源开关,启动直流电动机(注意电机转向应符合测功机加载要求)。调节电动机电枢电阻 R_1 到最小,电动机输入电压为 220V,调节电动机磁场调节电阻 R_{f1},使电动机的转速达到发电机的额定转速值,并在以后整个实验过程中始终保持此额定转速不变。合上发电机励磁电源开关 S_1,调节发电机磁场电阻 R_{f2},使发电机励磁电流逐渐上升,至发电机空载电压达 $U_0=1.25U_N$ 为止。在保持不变的条件下,从 $U_0=1.25U_N$ 开始,单方向调节分压器电阻 R_{f2},使发电机励磁电流逐渐减小,直至 $I_{f2}=0$。每次测取发电机的空载电压 U_0 和励磁电流 I_f,共取 7～8 组数据,记录于表 1-3 中。

注意:①其中 $U_0=U_N$ 和 $I_f=0$ 两点必须测取,并在 $U_0=U_N$ 附近的测量点应较密;

②调节励磁电流 I_f 时,应保持单纯的递减(或者递增),励磁电流的忽增忽减会使曲线出现磁滞小回环,影响实验数据。

表 1-3　　　　　　　　　　　　　　$n=n_N=$ _____ r/min

$U_0(V)$								
$I_r(A)$								

(2)外特性

在空载实验后,把发电机负载电阻 R_L 调至最大值,合上负载开关 S_2,同时调节电动机的磁场调节电阻 R_{f1},发电机的磁场调节电阻 R_{f2} 和负载电阻 R_L,使发电机的 $n=n_N,U=U_N,I=I_N$,该点为发电机的额定运行点,其励磁电流称为额定电流 I_{f2N}。在保持额定转速和额定励磁电流 I_{f2N} 不变的条件下,逐渐增加负载电阻 R_L,即减小发电机负载电流,直至空载状态。在此期间,测取发电机的端电压 U 和电流 I,共取 6～7 组数据,记录于表 1-4 中。其中额定和空载(断开开关 S_2)两点必测。

表 1-4　　　　$n=n_N=$_____ r/min，$I_f=I_{fN}=$_____ A

$U(V)$							
$I(A)$							

（3）调整特性

合上负载开关 S_2，在保持发电机转速 $n=n_N$ 条件下，调节负载电阻 R_L，逐渐增加发电机输出电流 I 的同时，相应调节发电机励磁电流 I_{f2}，使发电机端电压保持额定值 $U=U_N$，从发电机的空载至额定负载范围内，测取发电机的输出电流 I 和励磁电流 I_f，共取 6～7 组数据，记录于表 1-5 中。实验完毕，切断电源。

表 1-5　　　　$n=n_N=$_____ r/min，$U=U_N=$_____ V

$I(A)$							
$I_f(A)$							

2. 并励直流发电机

并励直流发电机自励条件和外特性实验都按图 1-5 接线，实验所需设备与他励直流发电机实验相同。

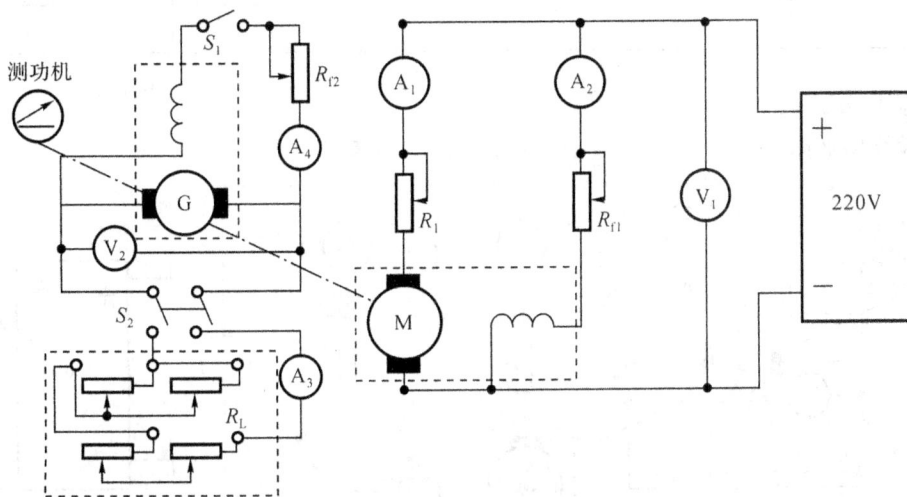

图 1-5　并励直流发电机实验接线图

量程选择除 R_{f2} 的阻值改为 1800Ω（2 个 900Ω 串联）外，其余与他励直流发电机实验相同。

（1）自励条件

打开负载开关 S_1、S_2，将发电机磁场调节电阻 R_{f2} 和 R_1 调至最大，R_{f1} 调至最小，合上 220V 电源，启动直流电动机，调节电动机的转速，使发电机转速 $n=n_N$，并在实验过程中保持不变。测量发电机的端电压并记录，看是否有剩磁电压值，若无剩磁电压，可将并励绕组改接他励法进行充磁（一般在他励发电机实验后进行此实验，其剩磁电压一定存在）。

在发电机具有剩磁电压的情况下，合上开关 S_1，逐渐减小 R_{f2}，观察发电机电枢两端的电压，如果电压逐渐升高，说明励磁绕组与电枢绕组的极性是正确的。如果电压减小，表明极性接错，不能自励建压，应将励磁绕组的两个端头对调一下。

观察改变发电机励磁回路中串联电阻 R_{f2} 的大小对发电机端电压大小的影响。当 R_{f2} 为最大时发电机的电压很低,说明发电机励磁回路的总电阻超过了临界电阻,发电机端电压仍然建立不起来。逐渐减小 R_{f2},在某一范围内改变 R_{f2}。当发电机的端电压变化最大时,励磁回路的总电阻值就是发电机的临界电阻值,临界电阻可以根据此时发电机的端电压和励磁电流的读数计算出来。

满足自励条件后,发电机自励发电,调节 R_{f2} 使发电机端电压至额定电压,这时如果降低发电机的转速,发电机的端电压将下降。在某一转速范围内改变转速对端电压的影响最大,这个转速即为发电机的临界转速。转速的改变由电动机电枢电阻和磁场电阻的改变来实现,注意此时 R_1 应由 DT20 中电阻串联而成。

(2)外特性

在并励发电机自励建压后,调节负载电阻 R_L 到最大,合上负载开关 S_2,同时调节电动机的磁场调节电阻 R_{f1},发电机的磁场调节电阻 R_{f2} 和负载电阻 R_L,使发电机 $n=n_N$,$U=U_N$,$I=I_N$,在保持此时 R_{f2} 的值和 $n=n_N$ 不变的条件下,逐步减小负载(即增大电阻 R_L),直至 $I=0$,从额定到空载运行范围内测取发电机的电压 U 和电流 I,共取 6~7 组数据,记录于表 1-6 中,其中额定和空载两点必测。实验完毕,切断电源。

表 1-6				$n=n_N=$ _____ r/min,$R_f=$ 常值		
$I(V)$						
$I(A)$						

3. 复励发电机

实验线路如图 1-6 所示,图中 C_1、C_2 为串励绕组的两端。

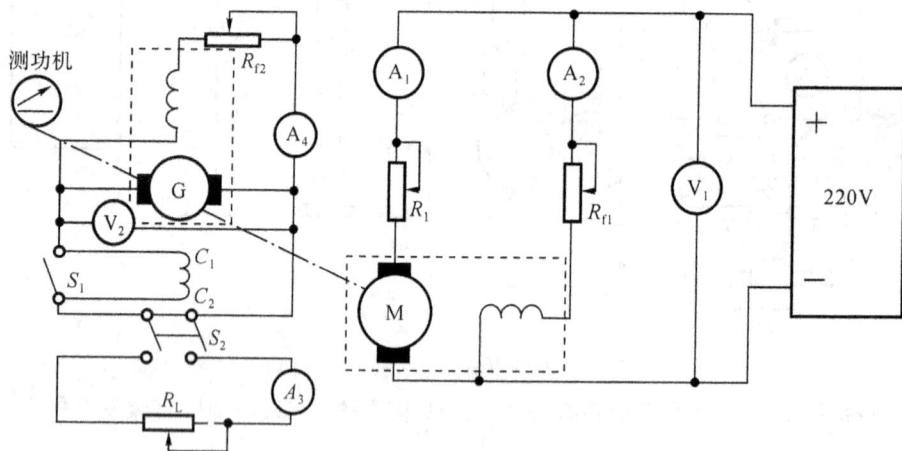

图 1-6 复励发电机实验接线图

(1)积复励和差复励接法的判别

先合上开关 S_1,将串励绕组短接,使发电机处于并励状态运行,调节发电机端电流 I 为 $0.5I_N$。然后,打开短路开关 S_1,在保持发电机 n、R_{f2} 和 R_L 不变的条件下,观察发电机端电压的变化。若此时电压升高即为积复励,若电压降低则为差复励。

(2)积复励发电机的外特性

实验方法与测取并励发电机的外特性相同。先将发电机调到额定运行点,$n=n_N$,$U=U_N$,$I=I_N$,在保持此时的 R_{f2} 和 $n=n_N$ 不变的条件下,逐次减小发电机负载电流,直至 $I=0$。从额定负载到空载范围内,每次测取发电机的电压和电流 I,共取 6～7 组数据,记录于表 1-7 中,其中额定和空载两点必测。

表 1-7　　　　$n=n_N=$_____ r/min,$R_f=$常值

U(V)							
I(A)							

注意:①启动直流电动机,R_1 调到最大,R_{f1} 调到最小,启动后,R_1 调到最小。

②做外特性时,当电流超过 0.4A 时,R_L 中串联的电阻调至零,以免损坏。

五、实验报告

1. 根据空载实验数据,作出空载特性曲线,由空载特性曲线计算出被试电机的饱和系数和剩磁电压的百分数。

2. 在同一张坐标纸上绘出他励、并励和复励发电机的三条外特性曲线。分别算出三种励磁方式的电压变化率 $\Delta u = \dfrac{U_0 - U_N}{U_N} \times 100\%$,并分析它们之间存在差别的原因。

3. 绘出他励发电机调整特性曲线,分析在发电机转速不变的条件下,为什么负载增加时,要保持端电压不变,必须增加励磁电流的原因。

六、思考题

1. 并励发电机不能建立电压有哪些原因?

2. 在发电机—电动机组成的机组中,当发电机负载增加时,为什么机组转速会变低?为了保持发电机的转速为额定转速,应如何调节?

实验三　直流并励电动机

一、实验目的

1. 掌握用实验方法测取直流并励电动机的工作特性和机械特性。
2. 掌握直流并励电动机的调速方法。
3. 并励电动机的能耗制动。

二、预习要点

1. 什么是直流电动机的工作特性和机械特性？
2. 直流电动机调速原理和方法？
3. 直流电动机电磁制动的原理和方法。

三、实验项目

1. 工作特性和机械特性

保持 $U=U_N$ 和 $I_f=I_{fN}$ 不变，测取 n、M_2、$n=f(I_a)$ 及 $n=f(M_2)$。

2. 调速特性

（1）改变电枢电压调速

保持 $I_f=I_{fN}$，$M_2=$ 常值，测取电动机的转速与电枢两端电压的关系，即 $n=f(U_a)$。

（2）改变励磁电流调速

保持 $U=U_N$，$M_2=$ 常值，$R_1=0$，测取 $n=f(I_f)$。

（3）观察能耗制动过程

四、实验线路及操作步骤

1. 并励电动机的工作特性和机械特性

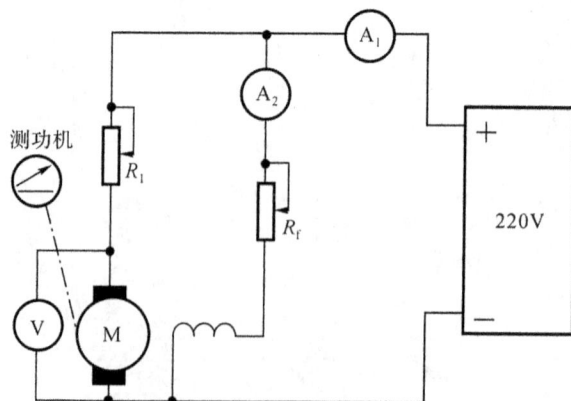

图 1-7　并励电动机实验接线图

实验线路如图 1-7 所示。电机选用 D17 直流并励电动机，测功机（请阅测功机使用说明）作为电动机负载。按照实验一方法启动直流并励电动机,其转向和测功机上箭头所示方向相同,测功机调零。将电动机电枢调节电阻 R_1 调至零,同时调节直流电源调压旋钮,测功机的加载旋钮和电动机的磁场调节电阻 R_f,调到其电机的额定值 $U=U_N$, $I=I_N$, $n=n_N$,其励磁电流即为额定励磁电流 I_{fN},在保持 $U=U_N$、$I_f=I_{fN}$ 及 $R_1=0$ 不变的条件下,逐次减小电动机的负载,即将测功机的加载旋钮逆时针转动直至零。测取电动机输入电流 I,转速 n 和测功机的转矩 M,共取 6～7 组数据,记录于表 1-8 中,额定点和空载点必测。

表 1-8

$$U=U_N=\underline{\hspace{1cm}}\text{V}, \quad I_f=I_{fN}=\underline{\hspace{1cm}}\text{A}, \quad R_a=\underline{\hspace{1cm}}\Omega$$

实验内容	$I(\text{A})$							
	$n(\text{r/min})$							
	$M_2(\text{N}\cdot\text{m})$							
计算数据	$I_a(\text{A})$							
	$P_2(\text{W})$							
	$\eta(\%)$							

表中,R_a 对应于环境温度 0℃时电动机电枢回路的总电阻,可由实验室给出。

2. 调速特性

(1)改变电枢端电压的调速

直流电动机启动后,将电阻 R_1 调至零,同时调节负载(测功机)、直流电源及电阻 R_{f1},使 $U=U_N$,$M_2=500\text{mN}\cdot\text{m}$,$I_f=I_{fN}$,保持此时的 M_2 的数值和 $I_f=I_{fN}$,逐次增加 R_1 的阻值,即降低电枢两端的电压 U_a。在 R_1 从零调至最大值的范围内,每次测取电动机的端电压 U_a,转速 n 和输入电流 I,共取 5～6 组数据,记录于表 1-9 中。

表 1-9　　$I_f=I_{fN}=\underline{\hspace{1cm}}\text{A}, \quad M_2=500\text{mN}\cdot\text{m}$

$U_a(\text{V})$						
$n(\text{r/min})$						
$I(\text{A})$						
$I_a(\text{A})$						

(2)改变励磁电流的调速

直流电动机启动后,将电阻 R_1 和电阻 R_f 调至零,同时调节直流调压旋钮和测功机加载旋钮,使电动机 $U=U_N$,$M_2=500\text{mN}\cdot\text{m}$,保持此时的 M_2 数值和 $U=U_N$、$R_1=0$ 的值,逐次增加磁场电阻 R_f,直至 $n=1.2n_N$,每次测取电动机的 n、I_f 和 I,共取 5～6 组数据,记录于表 1-10 中。

表 1-10　　$U=U_N=\underline{\hspace{1cm}}\text{V}, \quad M_2=500\text{mN}\cdot\text{m}$

内容	测量值					
$n(\text{r/min})$						
$I_f(\text{A})$						
$I(\text{A})$						
$I_a(\text{A})$						

（3）能耗制动

接线图如图 1-8 所示。DT21 作为能耗制动电阻 R_L 采用,接到继电接触回路中。

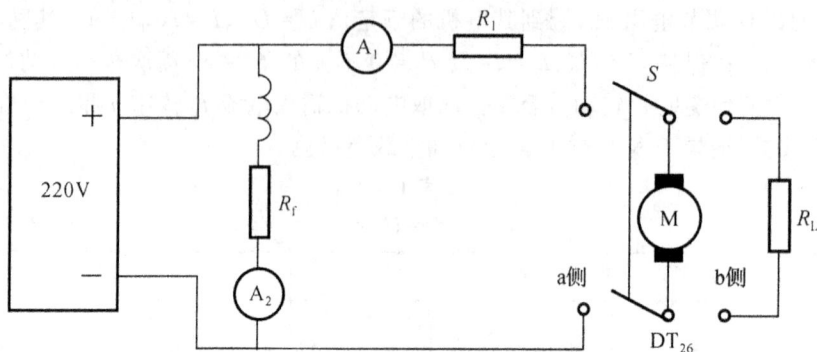

图 1-8　并励直流电动机能耗制动接线图

实验时,先按下直流电源的接通按钮,将电阻 R_1 调到最大,R_f 调到最小,开关 S 搬到 a 侧,电枢接入电源,电动机开始启动。待电机转速稳定后,开关 S 搬至 b 侧,电枢脱开电源经制动电阻 R_L 电机进入能耗制动。在不接制动电阻 R_L 情况下,若按下"制动"按钮,由于电枢开路,电机处于自由停机。选择不同 R_L 的阻值,重复实验,观察对停机时间的影响。

注意:直流电动机启动前,将测功机加载旋钮调至零。实验完成后应将测功机负载旋钮调到零,否则电机启动时,测功机会受到冲击。

五、实验报告

1. 由表 1-8 计算出 I_a、P_2 和 η,并绘出 n、M、$n=f(I_a)$ 及 $n=f(M_2)$ 的特性曲线。

电动机的输出功率为

$$P_2 = 0.105 \cdot n \cdot M_2$$

式中,输出转矩 M_2 的单位为 N·m,转速 n 的单位为 r/min。

电动机的输入功率为

$$P_1 = U \cdot I$$

电动机的效率为

$$\eta = \frac{P_2}{P_1} \times 100\%$$

电动机的电枢电流为

$$I_a = I - I_{fN}$$

由工作特性可得转速变化率为

$$\Delta n = \frac{n_0 - n_N}{n_N} \times 100\%$$

2. 绘出并励电动机调速特性曲线 $n=f(U)$ 和 $n=f(I_f)$。分析在恒转矩负载时两种调速的电枢电流变化规律以及两种调速方法的优缺点。

3. 能耗制动时间与制动电阻 R_L 的阻值有什么关系?为什么?该制动方法有什么缺点?

六、思考题

1. 并励电动机的速率特性 $n = f(I_a)$ 为什么是略微下降？是否出现上翘现象？为什么？上翘的速率特性对电动机运行有何影响？

2. 当电动机的负载转矩和励磁电流不变时，减小电枢端压，为什么会引起电动机转速降低？

3. 当电动机的负载转矩和电枢端电压不变时，减小励磁电流会引起转速的升高，为什么？

4. 并励电动机在负载运行中，当磁场回路断线时是否一定会出现"飞速"？为什么？

实验四　直流串励电动机

一、实验目的

1. 用实验方法测取串励电动机工作特性和机械特性。
2. 了解串励电动机启动、调速及改变转向的方法。

二、预习要点

1. 串励电动机为何不允许空载启动？
2. 串励电动机与并励电动机的工作特性有何差别，串励电动机的转速变化率是怎样定义的？
3. 串励电动机的调速方法及其应注意问题。

三、实验项目

1. 工作特性和机械特性

在保持 $U=U_N$ 的条件下，测取 $n、M_2、\eta=f(I_a)$ 以及 $n=f(M_2)$。

2. 人为机械特性

保持 $U=U_N$ 和电枢回路串入电阻 $R_1=$ 常值的条件下，测取 $n=f(M_2)$。

3. 调速特性

(1)电枢回路串电阻调速

保持 $U=U_N$ 和 $M_2=$ 常值的条件下，测取 $n=f(U_a)$。

(2)磁场绕组并联电阻调速

保持 $U=U_N、M_2=$ 常值及 $R_1=0$ 的条件下，测取 $n=f(I_f)$。

四、实验线路及操作步骤

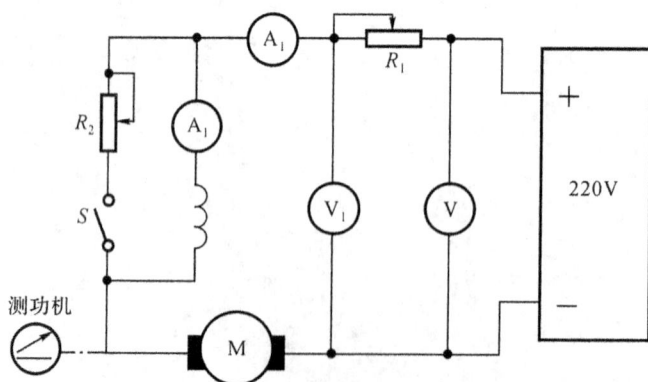

图 1-9　直流串励电动机实验接线图

实验线路如图 1-9 所示。图中 M 为直流串励电动机，选用 D14。测功机作为电动机负载，两者之间用联轴器直接联接。R_1 选用 DT04 面板上电枢调节电阻，R_2 选用 DT20 两只电阻并联，直流电压、电流表选用 DT10，开关 S 选用 DT26。

1. 工作特性和机械特性

由于串励电动机不允许空载启动，所以将测功机加载旋钮沿顺时针方向转过一定的角度，使电动机在启动过程中带上负载。接通电源前，先打开 S 开关，调节 R_1 到最大值。按下接通直流电源的绿色按钮，启动电动机，并观察电动机的转向是否正确。启动后，调节 R_1 至零，同时调节直流电源的调压旋钮和测功机的加载旋钮，使电动机的电枢电压 $U_1 = U_N$，$I = 1.2I_N$。在保持 $U_1 = U_N$ 的条件下，逐次减小负载直至 $n \leqslant 1.5n_N$ 为止，每次测取 I、n、M_2，共取 5～6 组数据，记录于表 1-11 中。

表 1-11　　　　　　　　　　　　　　$U_a = U_N = $ _____ V

实验数据	$I(A)$						
	$n(r/min)$						
	$M_2(N \cdot m)$						
计算值	$P_2(W)$						
	$\eta(\%)$						

2. 测取电枢串电阻后的人为机械特性

电动机带负载启动后，同时调节串入电枢的电阻 R_1、直流电源的调压旋钮和加载旋钮，使电源电压等于串励电动机的额定电压、电枢电流 $I = I_N$、转速 $n = 0.8n_N$，保持此时的 R_1 不变。在 $U = U_N$ 的条件下，逐次减小电动机的负载，至 $n \leqslant 1.5n_N$ 为止，每次测取 U_a、I、M_2、n，共取 5～6 组数据，记录于表 1-12 中。

表 1-12　　　　　　　$U_a = U_N = $ _____ V，$R_f = $ 常值

$U_a(V)$							
$I(A)$							
$n(r/min)$							
$M_2(N \cdot m)$							

3. 调速特性

(1)电枢回路串联电阻调速

打开开关 S，电动机带负载启动后，将 R_1 调至零。同时调节电源电压和负载，使 $U = U_N$，$I \approx I_N$，记下此时电动机的 n、I、M_2，在保持 $U = U_N$ 以及 M_2 不变的条件下，逐次增加 R_1 的阻值，每次测 n、I、U_a，共取 5～6 组数据，记录于表 1-13 中。

表 1-13　　　　$U_a = U_N = $ _____ V，$M_2 = $ _____ N·m

$n(r/min)$						
$I(A)$						
$U_a(V)$						

(2)磁场绕组并联电阻调速

接通电源前，打开开关 S，将 R_1 和 R_2 调至最大值。电动机带负载启动后，调节 R_1 至零，合上开关 S。然后，同时调节电源电压和负载，使 $U = U_N$，$M_2 = 0.8M_N$。记录此时电动机的 n、I_f、

M_2。在保持 $U = U_N$ 以及 M_2 不变的条件下,逐次减小 R_2 的阻值,注意不能短接,直至 $n \leqslant$ $1.5 n_N$,每次测取 n、I、I_f,共取 5～6 组数据,记录于表 1-14 中。

表 1-14　　　$U_a = U_N = $ _____ V,$M_2 = $ _____ N・m

$n(\text{r/min})$					
$I(\text{A})$					
$I_f(\text{V})$					

五、实验报告

1. 绘出直流串励电动机的工作特性曲线 n、M_2、$\eta = f(I_a)$。

2. 在同一张坐标纸上绘出串励电动机的自然和人为机械特性。

3. 绘出串励电动机恒转矩两种调速的特性曲线。试分析在 $U = U_N$ 和 M_2 不变的条件下调速时的电枢电流变化规律。比较两种调速方法的优缺点。

六、思考题

1. 串励电动机为什么不允许空载和轻载启动?

2. 磁场绕组并联电阻调速时,为什么不允许并联电阻调至零?

第二章　变压器

实验一　单相变压器

一、实验目的

1. 通过空载和短路实验测定变压器的变比和参数。
2. 通过负载实验测取变压器的运行特性。

二、预习要点

1. 变压器的空载和短路实验有什么特点？实验中电源电压一般加在哪一方较合适？
2. 在空载和短路实验中，各种仪表应怎样联接才能使测量误差最小？
3. 如何用实验方法测定变压器的铁耗及铜耗。

三、实验项目

1. 空载实验：测取空载特性 $U_0 = f(I_0)$，$P_0 = f(U_0)$。
2. 短路实验：测取短路特性 $U_K = f(I_K)$，$P_K = f(I_K)$。
3. 负载实验
(1)纯电阻负载：保持 $U_1 = U_{1N}$，$\cos\varphi_2 = 1$ 的条件下，测取 $U_2 = f(I_2)$。
(2)阻感性负载：保持 $U_1 = U_{1N}$，$\cos\varphi_2 = 0.8$ 的条件下，测取 $U_2 = f(I_2)$。

四、实验线路及操作步骤

1. 空载实验

实验线路如图 2-1 所示。被试变压器选用 DT40 三相组式变压器，实验用其中的一相，其额定容量 $P_N = 76W$，$U_{1N}/U_{2N} = 220/55V$，$I_{1N}/I_{2N} = 0.345/1.38A$。变压器的低压线圈接电源，高压线圈开路。低压边交流电压表选用 DT01B，100V 挡，交流电流表选用 DT01B，0.5A 挡，功率表选用 DT01B，量程选择 75V、0.5A 挡。接通电源前，选好所有电表量程，将电源控制屏 DT01 的交流电源调压旋钮调到输出电压为零的位置，然后打开钥匙开头，按下 DT01 面板上"通"的按钮，此时变压器接入交流电源，调节交流电源调压旋钮，使变压器空载电压 $U_0 = 1.2U_N$，然后，逐渐降低电源电压，在 $1.2 \sim 0.2U_N$ 的范围内，测取变压器的 U_0、I_0、P_0，计算功率

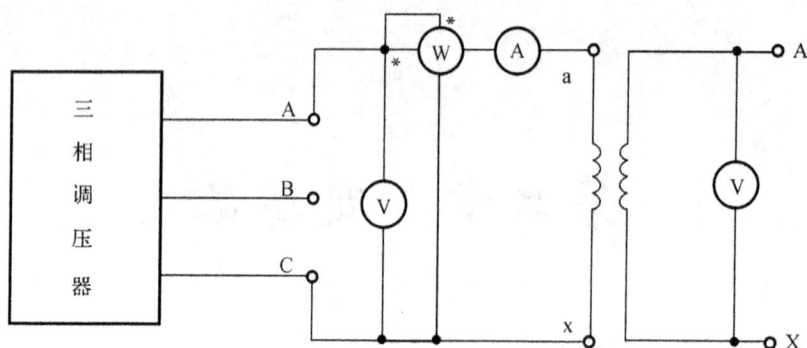

图 2-1　单相变压器空载实验接线图

因数，为了计算变压器的变化，共取 6～7 组数据，记录于表 2-1 中，其中 $U=U_N$ 的点必测，并在该点附近测的点应密些。为了计算变压器的变比，在 U_N 附近测取三组原方电压和副方电压的数据，记录于表 2-1 中。

表 2-1

序　　号	实 验 数 据				计算数据
	$U_0(V)$	$I_0(A)$	$P_0(W)$	$U_{AX}(V)$	$\cos\varphi_0$

2. 短路实验

变压器的高压线圈接电源，低压线圈直接短路，实验线路如图 2-2 所示。

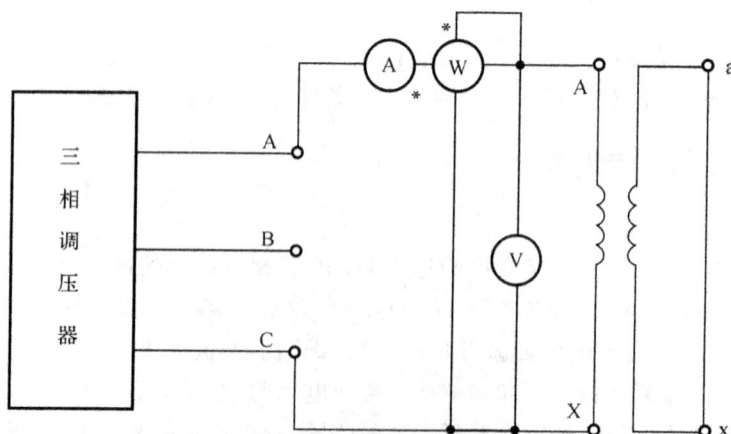

图 2-2　单相变压器短路实验接线图

电压表选择 50V 档，电流表选择 0.5A 档，功率仍选择 75V、0.5A 档。接通电源前，先将交流调压旋钮调到输出电压为零的位置,选好所有电表量程,按上述方法接通交流电源。逐次增加输入电压,直至短路电流等于 $1.1I_N$ 为止。在 $0.3\sim1.1I_N$ 范围内测取变压器的 U_K、I_K、P_K 共取 $4\sim5$ 组数据记录于表 2-2 中,其中 $I_K=I_N$ 的点必测。并记下实验时周围环境温度 $\theta(℃)$。

注意:短路实验操作要快,否则线圈发热会引起电阻变化。

表 2-2

序　号	实 验 数 据			计算数据
	$U_K(V)$	$I_K(A)$	$P_K(W)$	$\cos\varphi_K$

3. 负载实验

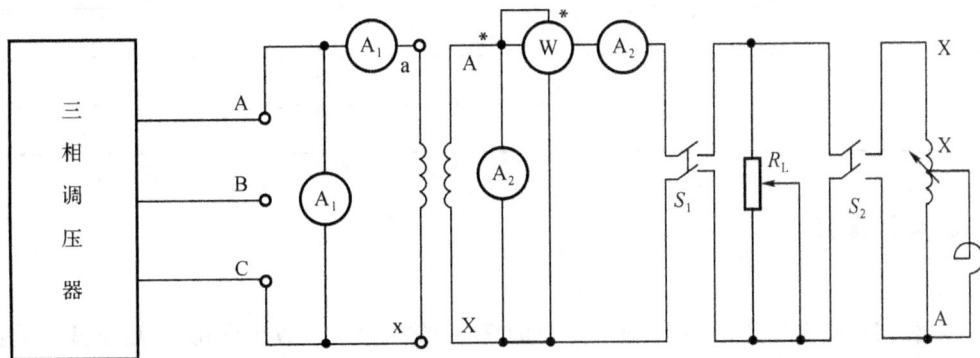

图 2-3　负载实验接线图

实验线路如图 2-3 所示。变压器低压线圈接电源,高压线圈经过开关 S_1 和 S_2,接到负载电阻 R_L 和电抗 X_L 上。R_L 选用 DT20,由四个电阻两串两并后再串联而成,X_L 选用 DT22,功率因数表选用 DT01B,开关 S_1、S_2 选用 DT26。

（1）纯电阻负载

接通电源前,将交流电源调节旋钮调到输出电压为零的位置,负载电阻调至最大,然后合上 S_1,按下接通交流电源的按钮,逐渐升高电源电压,使变压器输入电压 $U_1=U_{2N}$,在保持 $U_1=U_{2N}$ 的条件下,逐渐增加负载电流,即减少负载电阻 R_L 的阻值,从空载到额定负载的范围内,测取变压器的输出电压 U_2 和电流 I_2,共取 $5\sim6$ 组数据,记录于表 2-3 中,其中 $I_2=0$ 和 $I_2=I_{1N}$ 两点必测。

表 2-3　　　　　　　　　$\cos\varphi_2=1$, $U_1=U_N=$＿＿＿V

序　号	U_2(V)	I_2(A)

（2）阻感性负载（$\cos\varphi_2=0.8$）

用电抗器 X_L 和 R_L 并联作为变压器的负载，实验步骤同上，在保持 $U_1=U_{2N}$ 及 $\cos\varphi_2=0.8$ 的条件下，逐渐增加负载电流，从空载到额定负载的范围内，测取变压器 U_2 和 I_2，共取 5～6 组数据记录于表 2-4 中，其中 $I_2=0$, $I_2=I_{1N}$ 两点必测。

表 2-4　　　　　　　　　$\cos\varphi_2=0.8$, $U_1=U_N=$＿＿＿V

序　号	U_2(V)	I_2(A)

五、实验报告

1. 计算变比

由空载实验测取变压器的原、副方电压的三组数据，分别计算出变比，然后取其平均值作为变压器的变比 K。

$$K=\frac{U_{AX}}{U_{aX}}$$

2. 绘出空载特性曲线和计算激磁参数

（1）绘出空载特性曲线：$U_0=f(I_0)$, $P_0=f(U_0)$, $\cos\varphi_0=f(U_0)$。其中 $\cos\varphi_0=\dfrac{P_0}{U_0I_0}$,

（2）计算激磁参数

从空载特性曲线上查出对应于 $U_0=U_N$ 时的 I_0 和 P_0 值，并由下式算出激磁参数

$$r_m=\frac{P_0}{I_0^2}$$

$$Z_m=\frac{U_0}{I_0}$$

$$X_m=\sqrt{Z_m^2-r_m^2}$$

3. 绘出短路特性曲线和计算短路参数

（1）绘出短路特性曲线：$U_K=f(I_K)$, $P_K=(I_K)$, $\cos\varphi_K=f(I_K)$。

（2）计算短路参数

从短路特性曲线上查出对应于短路电流 $I_K = I_N$ 时的 U_K 和 P_K 值，由下式计算出实验环境温度为 $\theta(℃)$ 下的短路参数。

$$Z'_K = \frac{U_K}{I_K}$$

$$r'_K = \frac{P_K}{I_K^2}$$

$$X'_K = \sqrt{Z'^2_K - r'^2_K}$$

然后，折算到低压方：

$$Z_K = \frac{Z'_K}{K^2}$$

$$r_K = \frac{r'_K}{K^2}$$

$$X_K = \frac{X'_K}{K^2}$$

由于短路电阻 r_K 随温度而变化，因此，算出的短路电阻应按国家标准换算到基准工作温度 75℃ 时的阻值。

$$r_{K75℃} = r_{K\theta} \frac{234.5 + 75}{234.5 + \theta}$$

$$Z_{K75℃} = \sqrt{r_{K75℃}^2 + X_K^2}$$

式中：234.5 为铜导线的常数，若用铝导线常数应改为 228。

阻抗电压

$$U_K = \frac{I_N Z_{K75℃}}{U_N} \times 100\%$$

$$U_{Kr} = \frac{I_N r_{K75℃}}{U_N} \times 100\%$$

$$U_{KX} = \frac{I_N X_K}{U_N} \times 100\%$$

$I_K = I_N$ 时的短路损耗为 $P_{KN} = I_N^2 r_{K75℃}$。

4. 用空载和短路实验测定的参数，画出被试变压器折算到高压方的"Γ"型等效电路。

5. 变压器的电压变化率 Δu

（1）绘出 $\cos\varphi_2 = 1$ 和 $\cos\varphi_2 = 0.8$ 两条外特性曲线 $U_2 = f(I_2)$，由特性曲线计算出 $I_2 = I_{2N}$ 时的电压变化率 Δu。

$$\Delta u = \frac{U_{20} - U_2}{U_{20}} \times 100\%$$

（2）根据实验求出的参数，算出 $I_2 = I_{2N}$、$\cos\varphi_2 = 1$ 和 $I_2 = I_{2N}$、$\cos\varphi_2 = 0.8$ 时的电压变化率 Δu。

$$\Delta u = (U_{K1}\cos\varphi_2 + U_{KX}\sin\varphi_2)$$

将两种计算结果进行比较，并分析不同性质的负载对输出电压的影响。

6. 绘出被试变压器的效率特性曲线

（1）用间接法计算 $\cos\varphi_2 = 0.8$，不同负载电流时的变压器效率，记录于表 2-5 中。

$$\eta = \left(1 - \frac{P_0 + I_2^{*2} P_{KN}}{I_2^* S_N \cos\varphi_2 + P_0 + I_2^* P_{KN}}\right) \times 100\%$$

式中：$I_2^* S_N \cos\varphi_2 = P_2$；

　　S_N 为变压器的额定容量，单位 W；

　　P_{KN} 为变压器 $I_K = I_N$ 时的短路损耗，单位 W；

　　P_0 为变压器 $U_0 = U_N$ 时的空载损耗，单位 W。

（2）由计算数据绘出变压器的效率曲线 $\eta = f(I_2^*)$。

（3）计算被试变压器 $\eta = \eta_{max}$ 时的负载系数 β_m。

表 2-5　　　　$\cos\varphi_2 = 0.8$，$P_0 = $＿＿＿ W，$P_{KN} = $＿＿＿ W

I_2^*(A)	P_2(W)	η
0.2		
0.4		
0.6		
0.8		
1.0		
1.2		

实验二 三相变压器参数测定

一、实验目的

1. 通过空载和短路实验,测定三相变压器的变比和参数。
2. 通过负载实验,测取三相变压器的运行特性。

二、预习要点

1. 如何用双瓦特计法测三相功率,空载和短路实验应如何合理布置仪表。
2. 三相芯式变压器的三相空载电流是否对称。
3. 如何测定三相变压器的铁耗和铜耗。

四、实验项目

1. 测定变比。
2. 空载实验:测取空载特性 $U_0=f(I_0)$,$P_0=f(U_0)$。
3. 短路实验:测取短路特性 $U_K=f(I_K)$,$P_K=f(I_K)$。
4. 纯电阻负载实验:保持 $U_1=U_{1N}$,$\cos\varphi_2=1$ 的条件下,测取 $U_2=f(I_2)$。

五、实验线路及操作步骤

1. 测定变比

被试变压器选用 DT41 三相三线圈芯式变压器,额定容量 $S_N=150/150/150W$,$U_N=220/110/55V$,$I_N=0.394/0.788/1.575A$,$Y/\triangle/Y$ 接法。

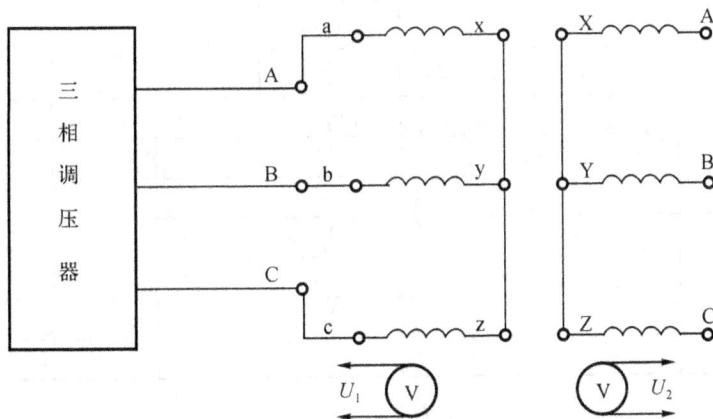

图 2-4 三相变压器变比实验接线图

实验线路如图 2-4 所示。实验时只用高、低压两组线圈,中压线圈不用,接通交流电源的操作步骤和单相变压器实验相同,电源接通后,调节外施电压 $U_1=0.5U_N$,通过万用表测取高、低压线圈的线电压 U_{AB}、U_{BC}、U_{CA}、U_{ab}、U_{bc}、U_{ca},记录于表 2-6 中。

表 2-6

U(V)		K_A	U(V)		K_B	U(V)		K_C	$K=\dfrac{K_A+K_B+K_C}{3}$
U_{AB}	U_{ab}		U_{BC}	U_{bc}		U_{CA}	U_{ca}		

2. 空载实验

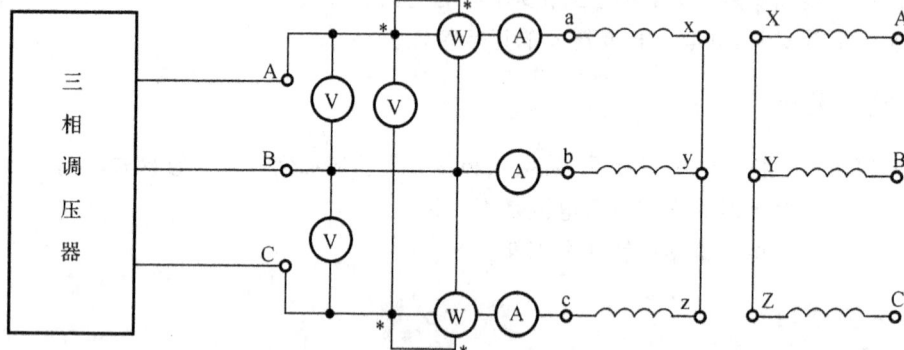

图 2-5　三相变压器空载实验接线图

实验线路如图 2-5 所示,变压器低压线圈接电源,高压线圈开路。接通电源前,先将交流电源调压旋钮调到输出电压为零的位置。选好所有电表量程,电源接后,调节调压旋钮,使变压器的空载电压 $U_0=1.2U_N$,并注意三相电压要基本对称,然后逐渐降低电源电压,在 $1.2\sim 0.2U_N$ 范围内,测取变压器三相线电压、电流和功率,共取 6～7 组数据,记录于表 2-7 中,其中 $U_0=U_N$ 的点必测。

表 2-7

序号	实 验 数 据								计 算 数 据			
	U(V)			I(A)			P(W)		U_0(V)	I_0(A)	P_0(W)	$\cos\varphi_0$
	U_{ab}	U_{bc}	U_{ca}	I_{ao}	I_{bo}	I_{co}	P_{01}	P_{02}				

3. 短路实验

实验线路如图 2-6 所示。变压器高压线圈接电源,低压线圈直接短路。接通电源前,应将交流电源调压旋钮调到输出电压为零的位置,选好所有电表量程,接通电源后,逐渐增大电源电压,使变压器的短路电流 $I_K=1.1I_N$,并注意三相电源电压基本对称。然后逐渐降低电源电压,在 $1.1\sim 0.2I_N$ 的范围内,测取变压器的三相输入电压、电流及功率,共取 4～5 组数据,记录于表 2-8 中,其中 $I_K=I_N$ 点必测。实验时,记下周围环境温度 $\theta(℃)$,作为线圈的实际温度。

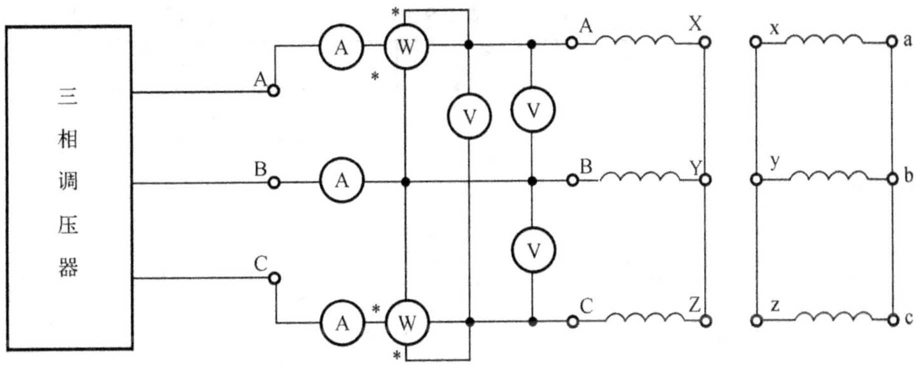

图 2-6 三相变压器短路实验接线图

表 2-8 $\theta =$ ___ ℃

序号	实 验 数 据								计 算 数 据			
	$U(V)$			$I(A)$			$P(W)$		$U_K(V)$	$I_K(A)$	$P_K(W)$	$\cos\varphi_K$
	U_{AB}	U_{BC}	U_{CA}	I_A	I_B	I_C	P_{K1}	P_{K2}				

4. 纯电阻负载实验

实验线路如图 2-7 所示。变压器高压线圈接电源,低压线圈经开关 S_1 接负载电阻 R_L,R_L,选用 DT20。将负载电阻 R_L 调至最大,合上开关 S_1,接通电源,调节交流电源调压旋钮,使变压器的输入电压 $U_1 = U_{1N}$,并且三相电源基本对称,在保持 $U_1 = U_{1N}$ 的条件下,逐次增加负载电流,从空载到额定负载范围内,测取变压器三相输出线电压和相电流,共取 5～6 组数据,记录于表 2-9 中,其中 $I_2 = 0$ 和 $I_2 = I_{2N}$ 两点必测。

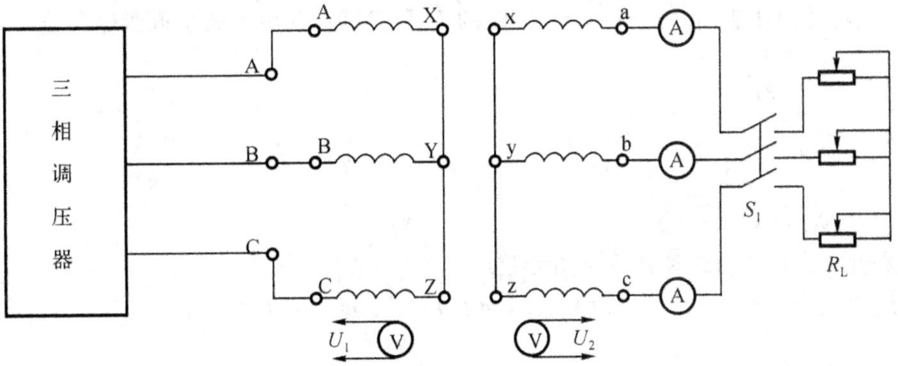

图 2-7 三相变压器负载实验接线图

序号	$U(\text{V})$				$I(\text{V})$			
	U_{AB}	U_{BC}	U_{CA}	U_2	I_A	I_B	I_C	I_2

表 2-9　　　　　　　　　　　$U_1 = U_{1N} = \underline{\quad}$ V, $\cos\varphi_2 = 1$

注意:在三相变压器实验中,应注意电压表、电流表和功率表的合理布置及量程选择。短路实验操作要快,否则线圈发热会引起电阻变化。

五、实验报告

1. 计算变压器的变比

根据实验数据,计算出各项的变比,然后取其平均值作为变压器的变比。

$$K_A = \frac{U_{AB}}{U_{ab}} \quad K_B = \frac{U_{BC}}{U_{bc}} \quad K_C = \frac{U_{CA}}{U_{ca}}$$

2. 根据空载实验数据作空载特性曲线并计算激磁参数

(1)绘出空载特性曲线:$U_0 = f(I_0)$、$P_0 = f(U_0)$、$\cos\varphi_0 = f(U_0)$。

式中:

$$U_0 = \frac{U_{ab} + U_{bc} + U_{ca}}{3}$$

$$I_0 = \frac{I_{ab} + I_{bc} + I_{ca}}{3}$$

$$P_0 = P_{01} \pm P_{02}$$

$$\cos\varphi_0 = \frac{P}{\sqrt{3}\, U_0 I_0}$$

(2)计算激磁参数

从空载特性曲线查出对应于 $U_0 = U_N$ 时的 I_0 和 P_0 值,并由下式求取激磁参数。

$$r_m = \frac{P_0}{3I_0^2}$$

$$Z_m = \frac{U_0}{\sqrt{3}\, I_0}$$

$$X_m = \sqrt{Z_m^2 - r_m^2}$$

3. 绘出短路特性曲线和计算短路参数

(1)绘出短路特性曲线 $U_K = f(I_K)$、$P_K = f(I_K)$、$\cos\varphi_K = f(I_K)$。

$$U_K = \frac{U_{AB} + U_{BC} + U_{CA}}{3}$$

$$I_K = \frac{I_A + I_B + I_C}{3}$$

$$\cos\varphi_K = \frac{P_K}{\sqrt{3}\,U_K I_K}$$

（2）计算短路参数

从短路特性曲线查出对应于 $I_K = I_N$ 时的 $U = U_K$ 值，并由下式算出实验环境温度 $\theta(\text{℃})$ 时的短路参数。

$$r'_K = \frac{P_K}{3I^2 N}$$

$$Z'_K = \frac{U_K}{\sqrt{3}\,I_N}$$

$$X'_K = \sqrt{Z'^2_K - r'^2_K}$$

折算到低压方

$$r_K = \frac{r'_K}{K^2}$$

$$Z_K = \frac{Z'_K}{K^2}$$

$$X_K = \frac{X'_K}{K^2}$$

换算到基准工作温度的短路参数为 $r_{K75℃}$ 和 $Z_{K75℃}$，计算出阻抗电压

$$U_K = \frac{\sqrt{3}\,I_N Z_{K75℃}}{U_N} \times 100\%$$

$$U_K = \frac{\sqrt{3}\,I_N Z_{K75℃}}{U_N} \times 100\%$$

$$U_{KX} = \frac{\sqrt{3}\,I_N X_K}{U_N} \times 100\%$$

$I_K = I_N$ 时的短路损耗 $P_{KN} = 3I^2_N r_{K75℃}$。

4. 利用由空载和短路实验测定的参数，画出被试变压器的"Γ"型等效电路。

5. 变压器的电压变化率 Δu

（1）根据实验数据绘出 $\cos\varphi_2 = 1$ 时的特性曲线 $U_2 = f(I_2)$，由特性曲线计算出 $I_2 = I_{2N}$ 时的电压变化率 Δu。

$$\Delta u = \frac{U_{20} - U_2}{U_{20}} \times 100\%$$

（2）根据实验求出的参数，算出 $I_2 = I_N$，$\cos\varphi_2 = 1$ 时的电压变化率 Δu

$$\Delta u = (U_{Kr}\cos\varphi_2 + U_{KX}\sin\varphi_2)$$

6. 绘出被试变压器的效率特性曲线

（1）用间接法计算 $\cos\varphi_2 = 0.8$ 时，不同负载电流时的变压器效率，记录于表 2-10 中。

$$\eta = \left(1 - \frac{P_0 + I_2^{*2} P_{KN}}{I_2^* S_N \cos\varphi_2 + P_0 + I_2^{*2} P_{KN}}\right) \times 100\%$$

式中：$I_2^* S_N \cos\varphi_2 = P_2$；

　　　S_N 为变压器的额定容量，单位 W；

　　　P_{KN} 为变压器 $I_K = I_N$ 时的短路损耗，单位 W；

　　　P_0 为变压器的 $U_0 = U_N$ 时的空载损耗，单位 W。

（2）计算被试变压器 $\eta = \eta_{max}$ 时的负载系数 β_m；

$$\beta_m = \sqrt{\dfrac{P_0}{P_{KN}}}$$

表 2-10　　　　$\cos\varphi_2 = 0.8, P_0 = \underline{\quad} \text{W}, P_{KN} = \underline{\quad} \text{W}$

I_2	$P_2(\text{W})$	η
0.2		
0.4		
0.6		
0.8		
1.0		
1.2		

六、思考题

1. 通常做变压器的空载实验时在低压边加电源,而做短路实验时在高压边加电源,这是为什么?

2. 在做变压器空载实验与短路实验时,仪表的布置有什么不同? 说明理由。

3. 为什么做空载实验时,所测量的数据中一定要包含额定电压点。

实验三　三相变压器的联接组和不对称短路

一、实验目的

1. 掌握用实验方法测定三相变压器的极性。
2. 掌握用实验方法判别变压器的联接组。
3. 研究三相变压器不对称短路。
4. 观察三相变压器线圈不同的连接法和不同铁心结构对空载电流、电动势波形的影响。

二、预习要点

1. 联接组的定义。为什么要研究联接组。国家规定的标准联接组有哪几种。
2. 如何把 Y/Y-12 联接组改成 Y/Y-6 联接组以及把 Y/△-11 改为 Y/△-5 联接组。
3. 三相变压器中哪种线圈连接法在不对称短路时中点移动最大。
4. 三相变压器线圈的连接法和磁路系统对空载电流和电动势波形的影响。

三、实验项目

1. 测定极性。
2. 连接并判定以下联接组：
(1) Y/Y-12
(2) Y/Y-6
(3) Y/△-11
(4) Y/△-5
3. 不对称短路：
(1) Y/Y_0-12 单相短路
(2) Y/Y-12 两相短路
4. 测定 Y/Y_0 连接的变压器的零序阻抗。
5. 观察不同连接法和不同铁心结构对空载电流和电动势波形的影响。

四、实验线路及操作步骤

1. 测定极性
(1) 测定相间极性

被试变压器选用 DT41 三相芯式变压器，用其中高压和低压两组线圈，额定容量 $S_N =$ 150/150W，$U_N = 220/55V$，$I_N = 0.394/1.576A$，Y/Y 接法。用万用表的电阻挡测出高、低压线圈 12 个出线端之间哪两个相通，并观察其阻值。阻值大为高压线圈，用 A、B、C、X、Y、Z 标出首末端。低压线圈标记用 a、b、c、x、y、z。按照图 2-8 接线，将 Y、Z 两端点用导线相联，在 A 相施加约 50% U_{1N} 的电压，测出电压 U_{BY}、U_{CZ}，若 $U_{BC} = |U_{BY} - U_{CZ}|$，则首末端标记正确；若 $U_{BC} = |U_{BY} + U_{CZ}|$，则标记不对。须将 B、C 两相任一相线圈的首末端标记对调。

然后用同样方法，将 B、C 两相中的任一相施加电压，另外两相末端相联，定出 A 相首、末端正确的标记。

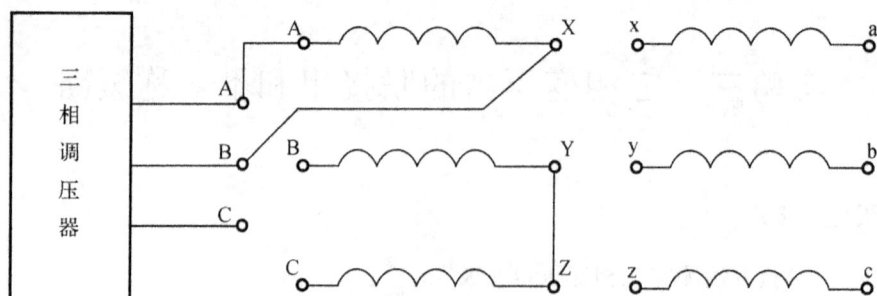

图 2-8　测定相间极性接线图

（2）测定原、副边极性

暂时标出三相低压线圈的标记 a、b、c、x、y、z，然后按照图 2-9 接线。原、副方中点用导线相连，高压三相线圈施加约 50% 的额定电压，测出电压 U_{AX}、U_{BY}、U_{CZ}、U_{ax}、U_{by}、U_{cz}、U_{Aa}、U_{Bb}、U_{Cc}，若 $U_{Aa}=U_{AX}-U_{ax}$，则 A 相高、低压线圈同柱，并且首端 A 与 a 点为同极性；若 $U_{Aa}=U_{AX}+U_{ax}$，则 A 与 a 端点为异极性。用同样的方法判别出 B、C 两相原、副方的极性。高低压三相线圈的极性确定后，根据要求连接出不同的联接组。

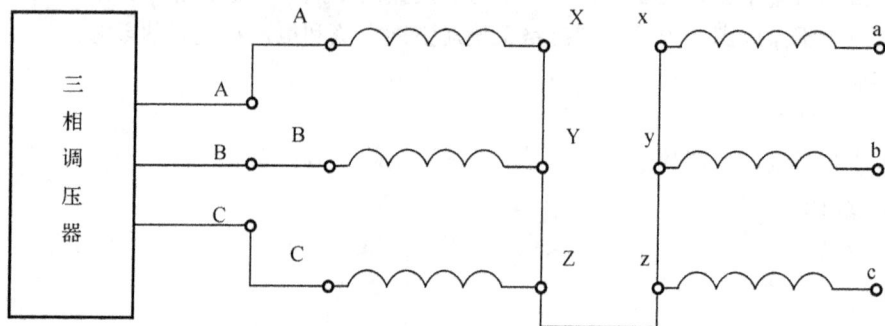

图 2-9　测定原、副边极性接线图

2. 检验联接组

（1）Y/Y-12

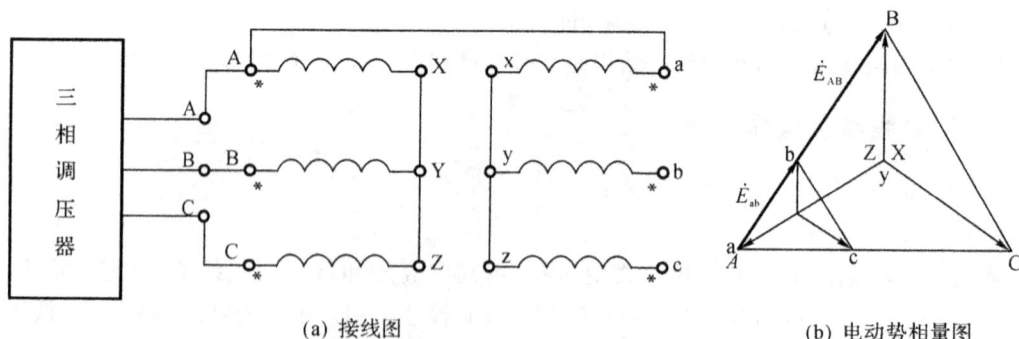

(a) 接线图	(b) 电动势相量图

图 2-10　Y/Y-12 联接组

按照图 2-10 接线。A、a 两端点用导线联接，在高压方施加三相对称的额定电压，测出 U_{AB}、U_{ab}、U_{Bb}、U_{Cc} 及 U_{Bc}，将数字记录于表 2-11 中。

表 2-11

实 验 数 据					计 算 数 据			
$U_{AB}(V)$	$U_{ab}(V)$	$U_{Bb}(V)$	$U_{Cc}(V)$	$U_{Bc}(V)$	K_L	$U_{Bb}(V)$	$U_{Cc}(V)$	$U_{Bc}(V)$

根据 Y/Y-12 联接组的电动势相量图可知：

$$U_{Bb}=U_{Cc}=(K_L-1)U_{ab}$$

$$U_{BC}=U_{ab}\sqrt{(K_L^2-K_L+1)}$$

式中，$K_L=\dfrac{U_{AB}}{U_{ab}}$ 为线电压之比。

若用上两式计算出的电压 U_{Bb}、U_{Cc}、U_{Bc} 的数值与实验测取的数值相同，则表示线图连接正常，属 Y/Y-12 联接组。

（2）Y/Y-6

将 Y/Y-12 联接组的副方线圈首、末端标记对调，A、a 两点用导线相联，如图 2-11 所示。

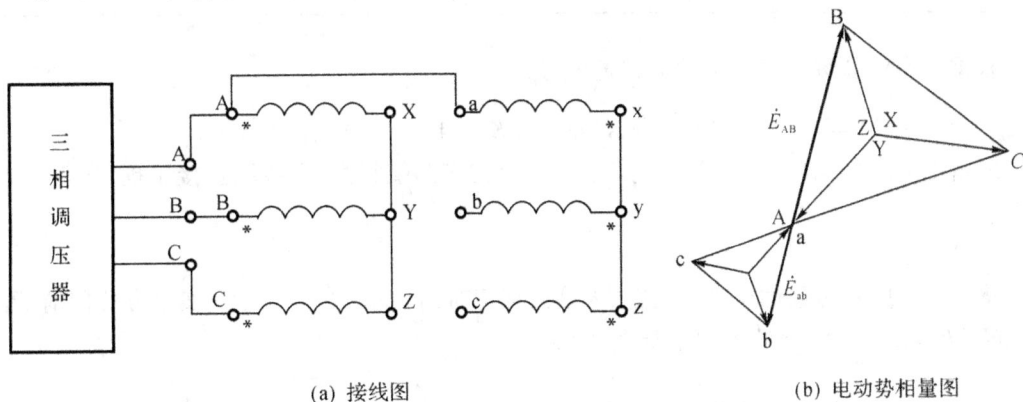

(a) 接线图　　　　　　　　　　　　(b) 电动势相量图

图 2-11　Y/Y－6

按前面方法测出电压 U_{AB}、U_{ab}、U_{Bb}、U_{Cc} 及 U_{Bc}，将数据记录于表 2-12 中。

表 2-12

实 验 数 据					计 算 数 据			
$U_{AB}(V)$	$U_{ab}(V)$	$U_{Bb}(V)$	$U_{Cc}(V)$	$U_{Bc}(V)$	K_L	$U_{Bb}(V)$	$U_{Cc}(V)$	$U_{Bc}(V)$

根据 Y/Y-6 联接组的电动势相量图可得：

$$U_{Bb}=U_{Cc}=(K_L+1)U_{ab}$$

$$U_{Bc}=U_{ab}\sqrt{(K_L^2+K_L+1)}$$

若由上两式计算出电压 U_{Bb}、U_{Cc}、U_{Bc} 的数值与实测相同，则线圈连接正确，属于 Y/Y-6 联接组。

（3）Y/△-11

按图 3-12 接线。A、a 两端点用导线相连，高压方施加对称额定电压，测取 U_{AB}、U_{ab}、U_{Bb}、U_{Cc} 及 U_{Bc}，将数据记录于表 2-13 中。

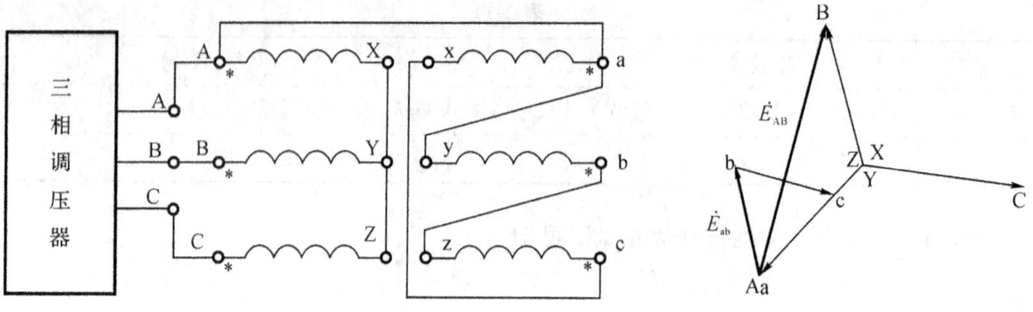

(a) 接线图   (b) 电动势相量图

图 2-12   Y/△-11

表 2-13

实 验 数 据					计 算 数 据			
$U_{AB}(V)$	$U_{ab}(V)$	$U_{Bb}(V)$	$U_{Cc}(V)$	$U_{Bc}(V)$	K_L	$U_{Bb}(V)$	$U_{Cc}(V)$	$U_{Bc}(V)$

根据 Y/△-11 联接组的电动势相量可得：

$$U_{Bb}=U_{Cc}=U_{Bc}=U_{ab}\sqrt{(K_L^2-\sqrt{3}K_L+1)}$$

若由上式计算出的电压 U_{Bb}、U_{Cc}、U_{Bc} 的数值与实测值相同,则线圈连接正确,属 Y/△-11 联接组。

(4)Y/△-5

将 Y/△-11 联接组的副方线圈首、末端的标记对调,如图 2-13 所示。实验方法同前,测取 U_{AB}、U_{ab}、U_{Bb}、U_{Cc}、U_{Bc},将数据记录于表 2-14 中。

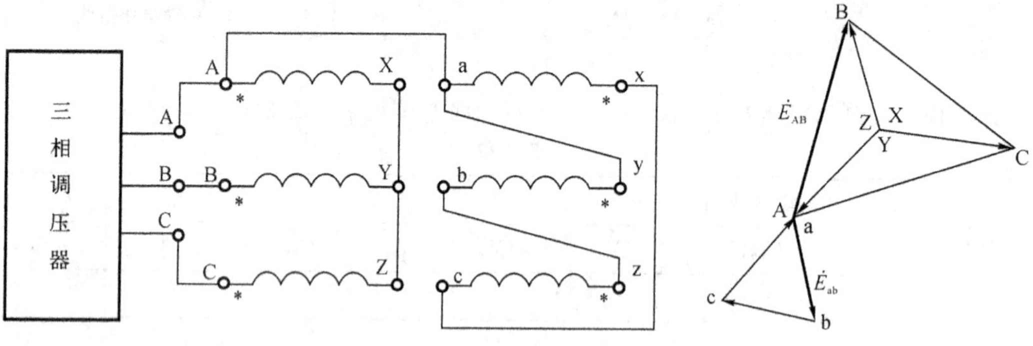

(a) 接线图   (b) 电动势相量图

图 2-13   Y/△-5 联接组

表 2-14

实 验 数 据					计 算 数 据			
$U_{AB}(V)$	$U_{ab}(V)$	$U_{Bb}(V)$	$U_{Cc}(V)$	$U_{Bc}(V)$	K_L	$U_{Bb}(V)$	$U_{Cc}(V)$	$U_{Bc}(V)$

根据 Y/△-5 联接组的电动势相量图可得：

$$U_{Bb}=U_{Cc}=U_{Bc}=U_{ab}\sqrt{(K_L^2+\sqrt{3}\,K_L+1)}$$

若由上式计算出的电压 U_{Bb}、U_{Cc}、U_{Bc} 的数值与实测值相同,则线圈连接正确,属于 Y/△-5 联接组。

3. 不对称短路

(1)Y/Y₀ 连接单相短路

① 三相芯式变压器

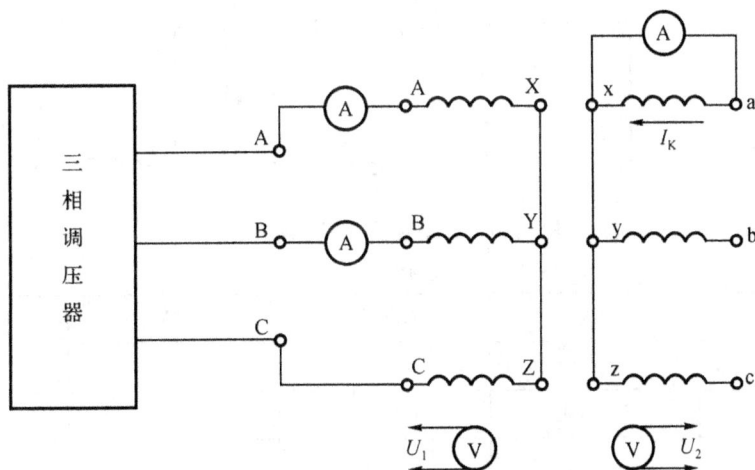

图 2-14 Y/Y₀ 连接单相短路连接图

实验线路如图 2-14 所示。被试变压器选用 DT41 三相芯式变压器。接通电源前,先将交流电源调压旋钮调到输出电压为零的位置,然后接通电源,逐渐增加电压,直至副边短路电流 I_{2K} $\approx I_{2N}$ 为止,测取副边短路电流和相电压 I_{2K}、U_a、U_b、U_c 原方电流和电压 I_A、I_B、U_A、U_B、U_C、U_{AB}、U_{BC}、U_{CA},将数据记录于表 2-15 中。

表 2-15

$I_{2K}(A)$	$U_a(V)$	$U_b(V)$	$U_c(V)$	$I_A(A)$	$I_B(A)$
$U_A(A)$	$U_B(V)$	$U_C(V)$	$U_{AB}(V)$	$U_{BC}(V)$	$U_{CA}(V)$

② 三相组式变压器

被试变压器改为 DT40 三相组式变压器,重复上述实验,在外施电压 $U_1=U_{1N}/\sqrt{3}$ 的条件下测取数据,记录于表 2-16 中。

表 2-16

$I_{2K}(A)$	$U_a(V)$	$U_b(V)$	$U_c(V)$	$I_A(A)$	$I_B(A)$	$I_C(A)$
$U_A(A)$	$U_B(V)$	$U_C(V)$	$U_{AB}(V)$	$U_{BC}(V)$	$U_{CA}(V)$	

（2）Y/Y 联接两相短路

① 三相芯式变压器实验线路如图 2-15 所示。被试变压器选用 DT41 三相芯式变压器。接通电源前，先将外施电源电压调至零，然后接通电源，逐渐增加外施电压，直至 $I_{2K} \approx I_{2N}$ 为止，测取变压器原、副方电流和相电压 I_{2K}、U_a、U_b、U_c、I_A、I_B、U_A、U_B、U_C，将数据记录于表 2-17 中。

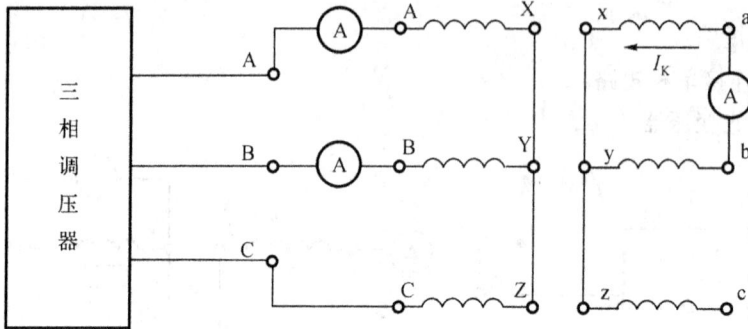

图 2-15　Y/Y 连接两相短路接线图

表 2-17

$I_{2K}(A)$	$U_a(V)$	$U_b(V)$	$U_c(V)$	$I_A(A)$
$I_B(A)$	$U_A(V)$	$U_B(V)$	$U_C(V)$	

② 三相组式变压器

被试变压器改为 DT40 三相组式变压器，重复上述实验，测取数据记录于表 2-18 中。

表 2-18

$I_{2K}(A)$	$U_a(V)$	$U_b(V)$	$U_c(V)$	$I_A(A)$
$I_B(A)$	$U_A(V)$	$U_B(V)$	$U_C(V)$	

4．测定变压器的零序阻抗

三相变压器选用 DT41 三相芯式变压器，实验线路如图 2-16 所示。

变压器的高压线圈开路，三相低压线圈首末端串联后接到电源。接通电源前，将外施电压调至零，接通电源后，逐渐增加外施电压，在输入电流 $I_0 = 0.25 I_N$ 和 $I_0 = 0.5 I_N$ 的两种情况下，测取变压器的 I_0、U_0 和 P_0，将数据记录表 2-19 中。

表 2-19

$I_0(A)$	$U_0(V)$	$P_0(W)$
$0.25 I_N$		
$0.5 I_N$		

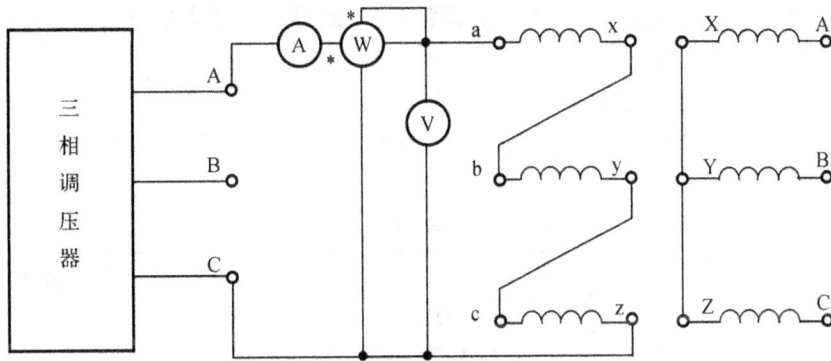

图 2-16　测定零序阻抗接线图

5. 分别观察三相芯式和组式变压器不同连接方法时的空载电流和电动势的波形。

(1)Y/Y 连接

为了实验方便起见,该实验采用 DT25 变压器波形试验控制箱。被试变压器选用 DT40 变压器。实验接线如图 2-17 所示。高压线圈 Y 接法,中线经开关 S_1 接到 DT01 三相交流电源中线接线柱 N,A 相线圈首端接线柱 A 与 A 相电源接线柱 A 分别接到 DT25 的 i_{01},i_{02} 两个接线柱。低压线圈的中点则接到 $e_{\phi 2}$ 接线柱,$e_{\phi 1}$、e_{L1} 两接线柱短接后再与 a 相首端相接,b 相首端接到 e_{L2} 接线柱。在 i_{01} 与 i_{02},与两接线柱之间均接有取样电阻,它们均已装在 DT25 箱体内。所有被测信号通过一排波形选择键开关均接至 S_2 标志的两个接线柱输出,将输出信号接到示波器的 Y 轴输入,按下波形选择键开关,即可观察到相应的波形。

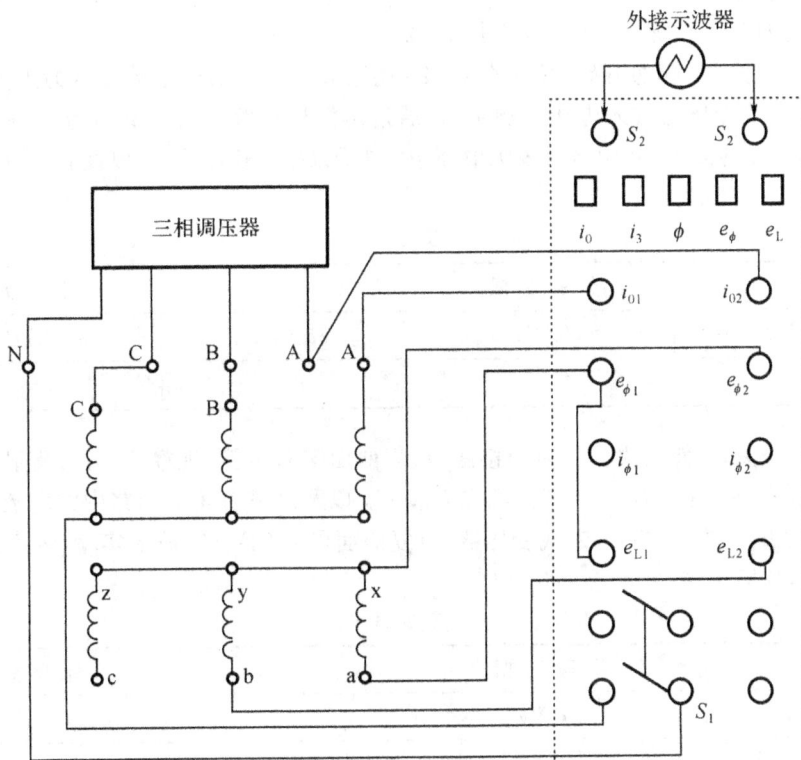

图 2-17　观察 Y/Y 和 Y_0/Y 连接三相变压器空载电流和电动势波形的接线图

实验前,打开开关 S_1,使三相变压器为 Y/Y 接法。接通电源后,调节变压器输入电压为

$0.5U_N$ 和 U_N 两种情况下,分别按下波形选择键开关,通过示波器观察空载电流 i_0,副方相电动势 e_ϕ 和线电动势 e_L 的波形。

注意:实验时不允许同时按下两个键开关。

在变压器输入电压为额定值时,用电压表测取原边线电压 U_{AB} 和相电压 U_A,将数据记录于表 2-20 中。

表 2-20

实　验　数　据		计　算　数　据
$U_{AB}(V)$	$U_A(V)$	U_{AB}/U_A

(2)Y_0/Y 连接

接线与 Y/Y 连接相同,合上开关 S,即为 Y_0/Y 接法。重复前面实验步骤,观察 i_0,e_ϕ,e_L 波形,并在 $U_1 = U_{1N}$ 时测取 U_{AB} 和 U_A,将数据记录于表 2-21 中。

表 2-21

实　验　数　据		计　算　数　据
$U_{AB}(V)$	$U_A(V)$	U_{AB}/U_A

(3)Y/△连接

实验线路如图 2-18 所示,变压器选用 DT25。

向左合上开关 S,副边开路,使接在 DT25 的 e_{L1}、e_{L2} 两接线柱上的电压为副方开路电压。接通电源后,调节变压器输入电压至额定值,通过示波器观察原方空载电流 i_0、相电压 U_ϕ、副方开路电动势 U_{az} 的波形,并用电压表测取原边线电压 U_{AB}、相电压 U_A 以及副方开路电压 U_{az},将数据记录于表 2-22 中。

表 2-22

实　验　数　据			计　算　数　据
$U_{AB}(V)$	$U_A(V)$	$U_{az}(V)$	U_{AB}/U_A

向右合上开关 S,使副边为三角形接法,重复前面实验步骤,观察 I_0、u_ϕ 以及副方三角形回路中电流 I_{23} 的波形,并在 $U_1 = U_{1N}$ 时,测取 U_{AB}、U_A 以及副方三角形回路中的电流 I_{23},将数据记录于表 2-23 中。选用 DT41 芯式变压器,重复前面(1)、(2)、(3)波形实验,将不同铁芯结构所得的结果作分析比较。

表 2-23

实　验　数　据			计　算　数　据
$U_{AB}(V)$	$U_A(V)$	$U_{23}(V)$	U_{AB}/U_A

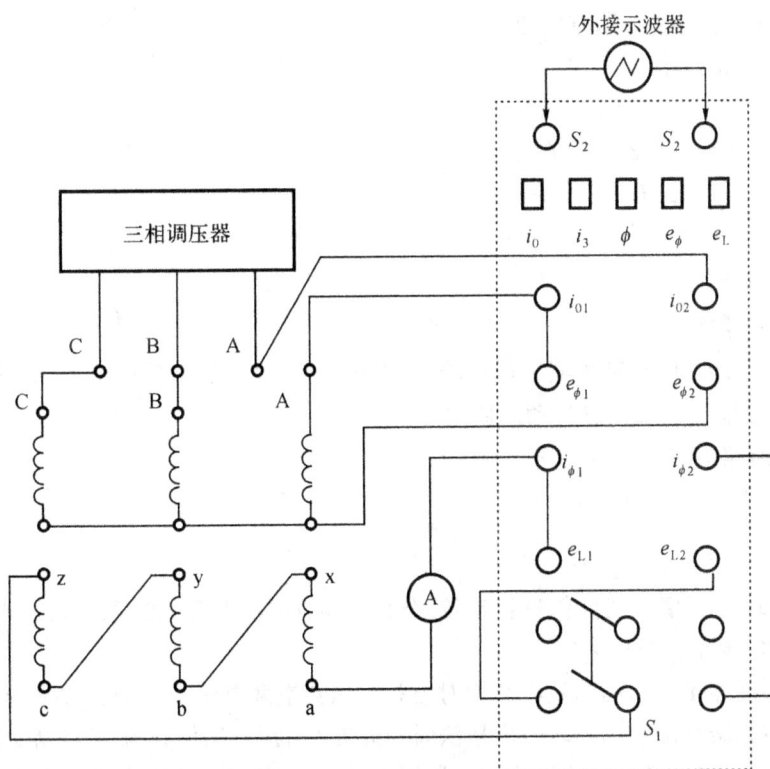

图 2-18　观察 Y/△连接三相变压器空载电流、三次谐波电流和电动势波形的接线图

五、实验报告

1. 计算出不同联接组时的 U_{Bb}、U_{Cz}、U_{Bc} 的数值与实测值进行比较,判别线圈连接是否正确。

2. 计算零序阻抗

Y/Y₀ 三相芯式变压器的零序参数由下式求得:

$$Z_0 = \frac{U_0}{3I_0}$$

$$r_0 = \frac{P_0}{3I_0^2}$$

$$X_0 = \sqrt{Z_0^2 - r_0^2}$$

分别算出 $I_0 = 0.25I_N$ 和 $I_0 = 0.5I_N$ 时的 Z_0、r_0、X_0,取其平均值作为零序阻抗,零序电阻和零序电抗,并按下式算出标么值:

$$Z_0^* = \frac{Z_0 \cdot I_{N\varphi}}{U_{N\varphi}}$$

$$r_0^* = \frac{r_0 \cdot I_{N\varphi}}{U_{N\varphi}}$$

$$X_0^* = \frac{X_0 \cdot I_{N\varphi}}{U_{N\varphi}}$$

式中,$I_{N\varphi}$ 和 $U_{N\varphi}$ 为变压器低压线圈的额定相电流和额定相电压。

3. 计算短路情况下的原方电流

(1)Y/Y₀ 单相短路

副边电流：$I_a = I_{2K}$，$I_b = I_c = 0$

原边电流：设略去激磁电流不计，则

$$I_A = -\frac{2}{3}\frac{I_{2K}}{K}$$

$$I_B = I_C = \frac{I_{2K}}{3_K}$$

式中，K 为变压器的变比。

将 I_A、I_B、I_C 计算值与实测值进行比较，分析产生误差的原因，并讨论 Y/Y₀ 三相组式变压器带单相负载的能力以及中点移动的原因。

(2)Y/Y 两相短路

副边电流：$I_a = -I_b = I_{2K}$，$I_c = 0$

原边电流：$I_A = -I_B = \dfrac{I_{2K}}{K}$，$I_C = 0$

将 I_A、I_B、I_C 计算值与实际值进行比较，分析产生误差的原因，并讨论 Y/△带单相负载是否有中点移动的现象？为什么？

4. 分析不同连接法和不同铁心结构对三相变压器空载电流和电动势波形的影响。

5. 由实验数据算出 Y/Y 和 Y/△接法时的原方 U_{AB}/U_A 比值，分析产生差别的原因。

6. 根据实验观察，说明三相组式变压器不宜采用 Y/Y₀ 和 Y/Y 连接方法的原因。

六、思考题

1. 在测定三相变压器的相间极性时，为什么要用高内阻的电压表来测量？

2. 在测定三相变压器的连接组别时，为何要把原、副边的一个端子联起来？

3. 在测定联接组别时，原边 A、B、C 为何要加入正序电压？如加入负序电压，情况会如何？

4. 为什么组式变压器的三次谐波较芯式变压器要大很多？

5. 为什么三次谐波电势的大小与变压器的工作点有关？

附 录

变压器联接组校核公式

$(设: U_{ab}=1, K_{L}=U_{AB}/U_{ab}=U_{AB})$

组 别	$U_{Bb}=U_{Cc}$	U_{Bc}	U_{Bc}/U_{Bb}
12	$K_{L}-1$	$\sqrt{K_{L}^2-K_{L}+1}$	>1
1	$\sqrt{K_{L}^2-\sqrt{3}\,K_{L}+1}$	$\sqrt{K_{L}^2+1}$	>1
2	$\sqrt{K_{L}^2-K_{L}+1}$	$\sqrt{K_{L}^2+K_{L}+1}$	>1
3	$\sqrt{K_{L}^2+1}$	$\sqrt{K_{L}^2-\sqrt{3}\,K_{L}+1}$	>1
4	$\sqrt{K_{L}^2+K+1}$	$K_{L}+1$	>1
5	$\sqrt{K_{L}^2+\sqrt{3}\,K_{L}+1}$	$\sqrt{K_{L}^2+\sqrt{3}\,K_{L}+1}$	$=1$
6	$K_{L}+1$	$\sqrt{K_{L}^2+K_{L}+1}$	<1
7	$\sqrt{K_{L}^2+\sqrt{3}\,K_{L}+1}$	$\sqrt{K_{L}^2+1}$	<1
8	$\sqrt{K_{L}^2+K_{L}+1}$	$\sqrt{K_{L}^2-K_{L}+1}$	<1
9	$\sqrt{K_{L}^2+1}$	$\sqrt{K_{L}^2-\sqrt{3}\,K_{L}+1}$	<1
10	$\sqrt{K_{L}^2-K_{L}+1}$	$K_{L}-1$	<1
11	$\sqrt{K_{L}^2-\sqrt{3}\,K_{L}+1}$	$\sqrt{K_{L}^2-\sqrt{3}\,K_{L}+1}$	$=1$

实验四　单相变压器的并联运行

一、实验目的

学习变压器投入并联运行的方法。研究阻抗电压对负载分配的影响。

二、预习要点

1. 单相变压器并联运行的条件。
2. 如何验证两台变压器具有相同的极性。
3. 阻抗电压对负载分配的影响。

三、实验项目

1. 将两台单相变压器投入并联运行。
2. 阻抗电压相等的两台单相变压器并联运行,研究其负载分配情况。
3. 阻抗电压不相等的两台单相变压器并联运行,研究其负载分配情况。

四、实验线路和操作步骤

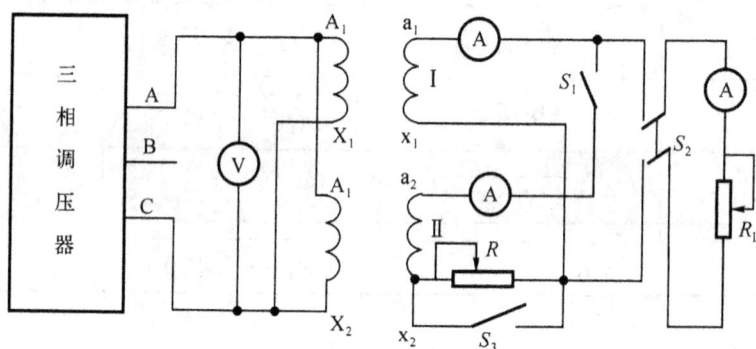

图 2-19　单相变压器并联运行接线图

实验线路如图 2-19 所示。图中单相变压器 Ⅰ 和 Ⅱ 选用 DT40 三相组式变压器中任意两台,变压器的高压线圈并联接电源,低压线圈经 开关 S_1 并联后,再由开关 S_2 接负载电阻 R_L。R_L 选用 DT21,由于负载电流较大,采用并串联接法。为了人为地改变变压器 Ⅱ 的阻抗电压,在其副方串入电阻 R,R 选用 DT21。

1. 两台单相变压器空载投入并联运行步骤

(1)检查变压器的变比和极性。接通电源前,将开关 S_1、S_2 打开,合上开关 S_3,接通电源后,调节变压器输入电压至额定值,测出两台变压器副边电压 U_{a1x1} 和 U_{a2x2},若 $U_{a1x1}=U_{a2x2}$,则两台变压器的变比相等,即 $K_I=K_{II}$。测出两台变压器副方的 a_1 和 a_2 端点之间的电压 U_{a1a2},若 $U_{a1a2}=U_{a1x1}-U_{a2x2}\approx 0$,则首端 A_1 与 A_2 为同极性端,反之为异极性端。

(2)投入并联:检查两台变压器的变比相等和极性相同后,合上开关 S_1,即投入并联。

若 K_I 与 K_{II} 不是严格相等,将会产生环流。

2. 阻抗电压相等的两台单相变压器并联运行

投入并联后,合上负载开关 S_2,在保持原方额定电压不变的情况下,逐次增加负载电流,直至其中一台变压器的输出电流达到额定电流为止,测取 I、I_1、I_{II},共取 5～6 组数据记录于表 2-24 中。

表 2-24

I_1(A)	I_{II}(A)	I(A)

3. 阻抗电压不相等的两台单相变压器并联运行

打开短路开关 S_3,变压器 II 的副方串入电阻 R,R 数值可根据需要调节,重复前面实验,测出 I、I_1、I_{II},共取 5～6 组数据,记录于表 2-25 中。

表 2-25

I_1(A)	I_{II}(A)	I(A)

五、实验报告

1. 根据实验二的数据,画出负载分配曲线 $I_1 = f(I)$ 及 $I_{\mathrm{II}} = f(I)$。
2. 根据实验三的数据,画出负载分配曲线 $I_1 = f(I)$ 及 $I_{\mathrm{II}} = f(I)$。
3. 分析实验中阻抗电压对负载分配的影响。

实验五　三相变压器的并联运行

一、实验目的

学习三相变压器投入并联运行的方法及阻抗电压对负载分配的影响。

二、预习要点

1. 三相变压器并联运行的条件。不同联接组并联后会出现什么后果？
2. 阻抗电压对负载分配的影响。

三、实验项目

1. 将两台三相变压器空载投入并联运行。
2. 阻抗电压相等的两台三相变压器并联运行。
3. 阻抗电压不相等的两台三相变压器并联运行。

四、实验线路及操作步骤

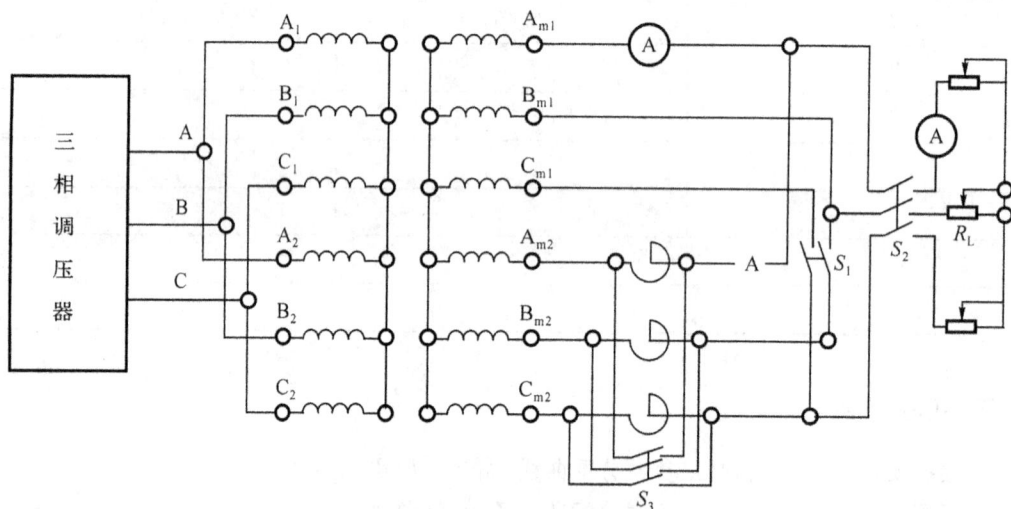

图 2-20　三相变压器并联运行接线图

实验线路如图 2-20 所示。图中变压器 Ⅰ 和 Ⅱ 选用两台 DT41 三相芯式变压器，其中低压线圈不用。由实验二、三方法确定三相变压器原、副边极性后，根据变压器的铭牌接成 Y/Y 接法，将两台变压器的高压线圈并联接电源，中压线圈经开关 S_1 并联后，再由开关 S_2 接负载电阻 R_L，R_L 选用 DT20。为了人为地改变变压器 Ⅱ 的阻抗电压，在变压器 Ⅱ 的副方串入电抗 X（或电阻 R），X 选用 DT22。要注意选用 R_L 和 X（或 R）的允许电流应大于实验时实际流过的电流。电压和电流表选用 DT01。

1. 两台三相变压器空载投入并联运行的步骤。

(1)检查变比和连接组

接通电源前,先打开 S_1、S_2,合上 S_3,然后接通电源,调节变压器输入电压至额定电压。测出变压器副边电压,若电压相等,则变比相同,测出副边对应相的两端点间的电压若电压均为零,则联接组相同。

(2)投入并联运行

在满足变比相等和联接组相同的条件后,合上开关 S_1,即投入并联运行。

2. 阻抗电压相等的两台三相变压器并联运行

投入并联后,合上负载开关 S_2,在保持 $U_1=U_{1N}$不变的条件下,逐次增加负载电流,直至其中一台输出电流达到额定值为止,测取 I、I_I、I_{II},共取 5～6 组数据,记录于表 2-26 中。

表 2-26

I_I(A)	I_I(A)	I(A)

3. 阻抗电压不相等的两台三相变压器并联运行

打开短路开关 S_3,在变压器 I_1 的副方串入电抗 X(或电阻 R),X 的数值可根据需要调节。重复前面实验,测取 I、I_I、I_{II},共取 5～6 组数据,记录于表 2-27 中。

表 2-27

I_I(A)	I_I(A)	I(A)

五、实验报告

1. 根据实验二的数据,画出负载分配曲线 $I_1=f(I)$ 及 $I_{II}=f(I)$。
2. 根据实验三的数据,画出负载分配曲线 $I_1=f(I)$ 及 $I_{II}=f(I)$。
3. 分析实验中阻抗电压对负载分配的影响。

六、思考题

1. 并联运行时,若两台变压器的短路阻抗不等,则负载分配的规律是什么?
2. 在图 2-20 中,若 A_{m1}、A_{m2} 没有连接就检查并联条件,可能出现什么结果?

第三章 异步电机

实验一 三相鼠笼式异步电动机的参数测定和工作特性

一、实验目的

1. 判别三相异步电动机定子绕组的首末端。
2. 测定三相鼠笼式异步电动机的参数。
3. 测取三相鼠笼式异步电动机的工作特性。

二、预习要点

1. 鼠笼式异步电动机的等效电路有哪些参数？他们的物理意义是什么？
2. 异步电动机参数的测定方法。
3. 异步电动机的工作特性指哪些？
4. 用两只单相功率表测量三相功率的原理和方法。

三、实验项目

1. 测量定子绕组的冷态电阻
2. 判定定子绕组的首末端
3. 空载试验
4. 短路试验
5. 负载试验

四、实验线路及操作步骤

选用的三相鼠笼式异步电动机编号为 D21，其额定数据为：$P_N = 100\text{W}$，$U_N = 220\text{V}$，$I_N = 0.48\text{A}$，$n_N = 1420\text{r/min}$，定子绕组接成△接法。

1. 测量定子绕组的室温下的直流电阻

(1)伏安法

选用的仪表设备有：32 伏直流电源(DT03)，开关(DT26)，直流电流表和直流电压表(DT10)，可变电阻箱(DT20)。

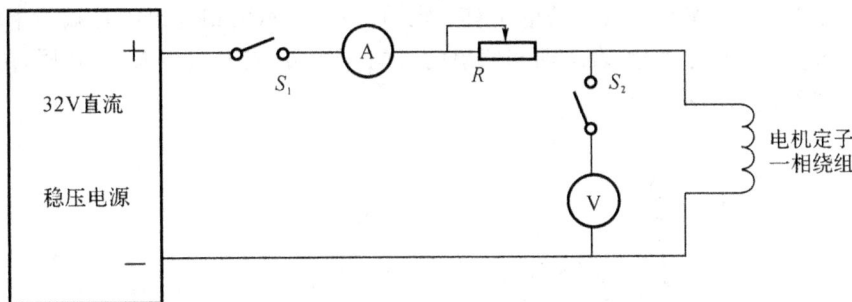

图 3-1　测量定子绕组冷态电阻接线图

量程的选择：测量时通过定子绕组的电流约为电机额定电流的 10%，因此直流电流表的量程选为 100mA，直流电压表量程选为 20V，可变电阻器 R 的阻值可选 900Ω(0.41A)。

按图 3-1 接线。将可变电阻器阻值调至最大，接通开关 S_1，调节可变电阻器使试验电流不超过电机额定电流的 10%（防止因试验电流过大而引起绕组的温度上升），读取电流值，再接通开关 S_2，读取电压值。读完后，一定要先打开开关 S_2，再打开开关 S_1。

每一绕组电阻测量三次，取其平均值，作为定子绕组的电阻，记录于表 3-1 中。

表 3-1　　　　　　　　　　　　　　　　　　　室温　℃

	绕组一			绕组二			绕组三		
$I(A)$									
$U(V)$									
$R(\Omega)$									

注意：①在测量时，电动机的转子必须静止不动。

　　　　③测量通电时间不应超过 1 分钟。

（2）电桥法

先用万用表测量大致的电阻值，用单臂电桥测量电阻时，将刻度盘旋到电桥能大致平衡的位置，然后按下电源按钮，接通电源，等电桥中的电源达到稳定后，方可接入检流计。测量完毕，必须先断开检流计，再断开电源，以免检流计受到冲击。记录数据于表 3-2 中。

注意：若每相定子绕组均有首末端引出时，可直接测量每相绕组电阻值。若三相绕组在电机内部接成星形(Y)或三角形时，应在电机三点出线端上，分别测得相应的三个电阻值，并求出其平均值 R_{av}。对于 Y 接法，每相绕组在室温下的直流电阻 $R_{1\phi}=\frac{1}{2}R_{av}$，对于三角形接法，则有 $R_{1\phi}=\frac{3}{2}R_{av}$。

表 3-2　　　　　　　　　　　　　　　　　　　室温　℃

	绕组一	绕组二	绕组三
$R(\Omega)$			

2. 判定定子绕组的首末端

先用万用表测出各相绕组的两个出线端，将其中的任意两相绕组串联，施以单相低电压 $U=80\sim100V$，注意电流不应超出额定值，如图 3-2 所示，测出第三相绕组的电压（电压表选用

DT01B,量程选择为 20V),如测得的电压有一定的读数,表示两相绕组的首端与末端相联;反之,如测得的电压近似为零,则表示两相绕组的首端与首端(或末端与末端)相联,用同样方法测出第三相绕组的首末端。

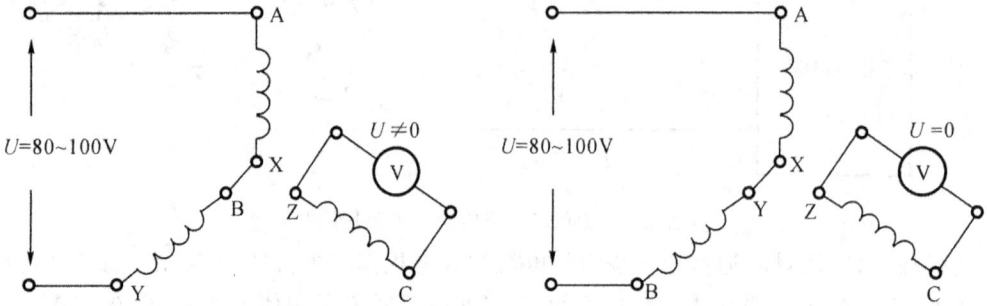

图 3-2   判断定子绕组首末端接线图

3. 空载试验

空载实验时所用的仪器设备有:电机导轨,功率表(DT01B),交流电流表(DT01B),交流电压表(DT01B)。

仪表量程选择为:交流电压表的量程选为 250V,交流电流表的量程为 0.5A,功率表的量程选为 250V、0.5A。

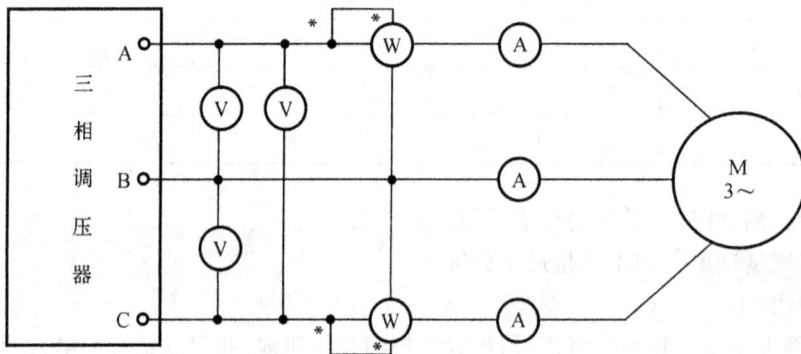

图 3-3   异步电机空载实验接线图

安装电机:空载实验时电机和测功机脱离,旋紧电机固定螺丝。

测量线路图见图 3-3,电机绕组接成△接法。实验前首先把三相电源调至零位,然后接通电源,慢慢地调节三相交流可调电源使电机启动旋转,注意观察电机旋转的方向。调整电源相序,使电机旋转方向符合测功机加载的要求(电机的转向和测功机上箭头标注一致)。

注意:调整相序时,必须切断电源。

仍然将三相电源调至零位。接通电源,逐渐升高电压,启动电机,保持电动机在额定电压时空载运行数分钟,使机械损耗达到稳定后再进行实验。调节电源电压由 1.2 倍额定电压开始逐渐降低,直至 $0.3U_N$ 止。在这范围内读取空载电压、空载电流、空载功率,共读取 7~8 组数据,记录于表 3-3 中。实验完毕,按下三相电源停止按钮开关,停止电机。

注意:空载实验读取数据时,额定电压点为必测点,在额定电压附近应多测几点。

表 3-3

序号	$U(V)$				$I(A)$				$P(W)$			$\cos\varphi$
	U_{AB}	U_{BC}	U_{CA}	U_0	I_A	I_B	I_C	I_0	P_I	P_I	P_0	$\cos\varphi_0$

4. 短路试验（堵转试验）

选用设备同空载实验。

仪表量程选择为：交流电压表的量程选为 100V，交流电流表的量程为 1A，功率表的量程选为 250V、2A。

安装电机：将电机与测功机同轴联接，旋紧固定螺丝，并用销钉把测功机的定子和转子销住。

测量接线图同图 3-3，电机绕组△接法。实验时首先把三相电源调至零位，然后接通电源，慢慢地调节三相交流可调电源使之逐渐升压致使短路电流到 1.2 倍额定电流，然后再逐渐降压至 0.3 倍额定电流为止。在此范围内读取短路电压、短路电流、短路功率共 4～5 组数据，其中短路电流等于额定电流为必测点，记录于表 3-4 中。实验完毕，按下三相电源停止按钮开关，停止电机。

表 3-4

序号	$U(V)$				$I(A)$				$P(W)$			$\cos\varphi$
	U_{AB}	U_{BC}	U_{CA}	U_K	I_A	I_B	I_C	I_K	P_I	P_I	P_K	$\cos\varphi_K$

注意：电机转向应符合测功机加载要求。实验时应注意控制调节电压大小，并尽量减少电机实验时间。

5. 负载试验

选用设备同短路实验。

仪表量程选择为：交流电压表的量程选为 250V，交流电流表的量程为 1A，功率表的量程选为 250V、2A。

测量接线图同图 3-3，电机绕组△接法。抽出测功机定转子之间的销钉，将三相电源调至零位,测功机旋钮旋至最小位置。接通电源,逐渐升高电压,启动电机,调节三相电源使之逐渐升压至额定电压(注意电机转向要符合测功机加载要求,并在实验时要保持电压恒定)。测功机先调零,逐渐旋动测功机加载旋钮,使电机慢慢加载,这时异步电动机的定子电流也逐渐上升,直至电流上升到1.25倍额定电流。从这点开始,逐渐减少负载直至空载,在这范围内读取异步电动机的定子电流、输入功率、转速、测功机转矩等数据,共读取 5～6 组数据,记录于表3-5中。

表 3-5 $\qquad$ $U_1 = U_N = \underline{\hspace{2cm}}$ V

序号	异步电动机输入							M_2 (N·M)	n (r/min)	P_2 (W)
	I(A)				P(W)					
	I_A	I_B	I_C	I_1	P_1	P_1	P_1			

注意:① 作负载试验时应保持定子输入电压恒定且为额定值;

② 测功机加载开始前有一个死区,要注意慢慢旋动加载旋钮,以免电机突然加载,导致电机加载过大。

五、实验报告

1. 计算基准工作温度时的相电阻

由实验直接测得的每相电阻值为室温下的冷态电阻值。按下式换算到基准工作温度时的定子绕组相电阻:

$$R_{ref} = R_\varphi \frac{235 + \theta_{ref}}{235 + \theta_C}$$

式中,R_{ref}为换算到基准工作温度时定子绕组的相电阻;

$R_{1\varphi}$为定子绕组室温下的冷态相电阻;

θ_{ref}为基准工作温度,对于 E 级绝缘为 75℃;

θ_C为实际冷态时定子绕组的温度。

2. 作空载特性曲线:I_0、P_0、$\cos\varphi = f(U_0)$

3. 作短路特性曲线:I_K、P_K、$\cos\varphi_0 = f(U_K)$

4. 由空载和短路试验的数据求取异步电机等效电路中的参数

(1)由短路试验数据求短路参数

短路阻抗:$Z_K = \dfrac{U_K}{I_K}$

短路电阻:$R_K = \dfrac{P_K}{3I_K^2}$

短路电抗: $X_K = \sqrt{Z_K^2 - R_K^2}$

式中, U_K、I_K、P_K 分别对应于 I_K 为额定电流时的相电压、相电流和三相短路功率。

转子电阻的折算值: $R_2' \approx R_K - R_1$

定转子绕组漏抗: $X_{1\sigma} \approx X_{2\sigma} \approx \dfrac{1}{2} X_K$

（2）由空载试验数据求激磁回路参数

空载阻抗: $Z_0 = \dfrac{U_{0\varphi}}{I_{0\varphi}}$

空载电阻: $r_0 = \dfrac{P_0}{3 I_0^2}$

空载电抗: $X_0 = \sqrt{Z_0^2 - r_0^2}$

式中, U_0、I_0、P_0 分别对应于 U_0 为额定电压时的相电压、相电流和三相空载功率。

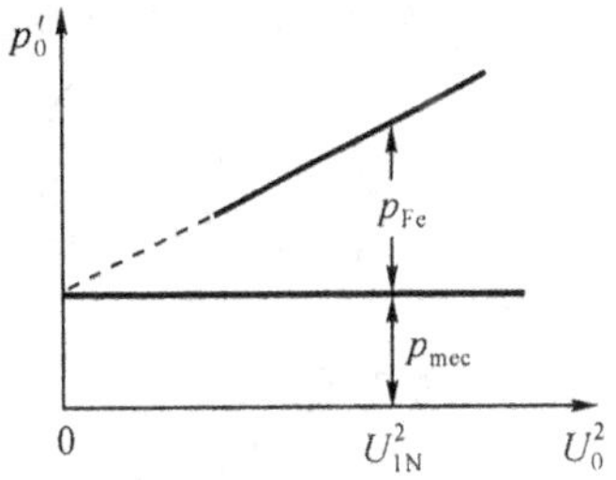

激磁电抗: $X_m = X_0 - X_{1\sigma}$

激磁电阻: $r_m = \dfrac{p_{Fe}}{3 I_0^2}$

式中, p_{Fe} 为额定电压时的铁耗, 由图 3-4 确定。

图 3-4　从空载实验计算铁耗

5. 做工作特性曲线 P_1、I_1、n、η、S、$\cos\varphi_1 = f(P_2)$

由负载试验数据计算工作特性, 计算公式为:

定子绕组相电流: $I_1 = \dfrac{I_A + I_B + I_C}{3\sqrt{3}}$

转差率: $S = \dfrac{n_1 - n}{n_1} \times 100\%$

功率因数: $\cos\varphi_1 = \dfrac{P_1}{3 U_1 I_1}$

输出功率: $P_2 = 0.105 M_2 n$

效率: $\eta = \dfrac{P_2}{P_1 \times 100\%}$

然后将计算结果填入表 3-6 中。

表 3-6

6. 由损耗分析法求额定负载时的效率

电动机的损耗有: 定子铜耗 $p_{Cu1} = 3 I_{1\varphi}^2 r_1$、铁耗 p_{Fe}、转子绕组铜耗 p_{Cu2}、机械损耗 p_{mec} 和附

加损耗 p_{ad}。

其中，

电磁功率：$P_{em} = P_1 - p_{Cu1} - p_{Fe}$

转子铜耗：$p_{Cu2} = SP_{em}$

附加损耗 $p_{ad} \approx 0.5\% P_N$，对于非额定输出的各点，按下列公式换算

$p_{ad} = p_{adN} \cdot (I/I_N)^2$，$I$ 为各点的定子电流、I_N 为额定电流。

计算各项损耗后，即可求出 P_2 与 η 的关系曲线。

$$P_2 = P_1 - \sum p = P_1 - (p_{Cu1} + p_{Fe} + p_{Cu2} + p_{mec} + p_{ad})$$

$$\eta = \frac{(P_1 - \sum p)}{P_1} \times 100\%$$

六、思考题

1. 由空载、短路试验所得的数据求取异步电动机的等效电路参数时，有哪些因数会引起误差？

2. 从短路特性曲线 $I_K = f(U_K)$ 形状可得出哪些结论？

3. 试分析由直接负载法和损耗分析法求得的电动机效率各存在什么误差？

实验二　三相异步电动机的启动与调速

一、实验目的

通过实验掌握异步电动机的启动和调速方法

二、预习要点

1. 三相异步电动机有哪几种主要启动方法，比较它们的优缺点；
2. 三相异步电动机有哪几种主要调速方法，比较它们的优缺点。

三、实验项目

1. 三相鼠笼式异步电动机的直接启动；
2. 三相鼠笼式异步电动机的星形—三角形(Y-△)启动
3. 三相鼠笼式异步电动机的自耦变压器法降压启动
4. 恒负载转矩下三相鼠笼式异步电动机降低定子电压调速实验
5. 三相绕线式异步电动机转子串可变电阻器启动
6. 恒负载转矩下三相绕线式异步电动机转子串电阻调速实验

四、实验线路及操作步骤

1. 三相鼠笼式异步电动机直接启动实验

三相异步电动机选用 D21，其额定数据为：$P_N = 100W$，$U_N = 220V$，$I_N = 0.48A$，$n_N = 1420r/min$，定子绕组△接法，E 级绝缘。

其他所需设备有：电机导轨、交流电压表(DT01B)、交流电流表(DT01B)。

仪表量程选择为：电压表的量程为 250V，电流表的量程为 5A。

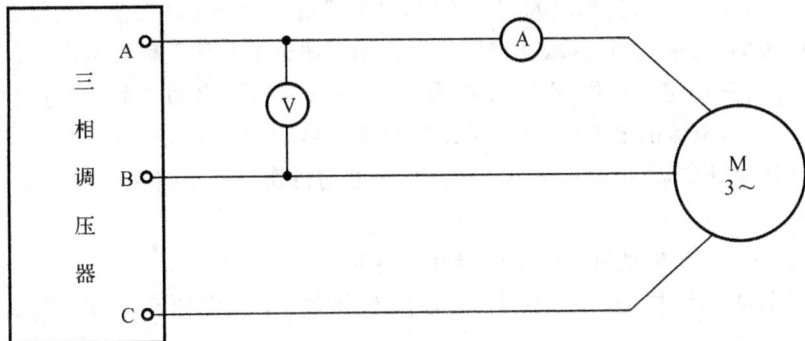

图 3-5　鼠笼式电机直接启动实验接线图

按图 3-5 接线，电机绕组△接法。安装电机使电机与测功机同轴联接，旋紧固定螺丝。将三相电源调至零位，测功机旋钮旋至最小位置。接通电源，逐渐升高电压，启动电机(注意电机转向符合测功机加载要求)，调节三相电源使之逐渐升压至额定电压。然后切断三相电源，等电机完全停止旋转后，再全压接通三相电源，使电机在额定电压下全压启动，观察电流表瞬时的最大值,此电流值可作为电机启动电流的估计值。

定量确定启动电流值可按以下实验步骤实现:停止电机,将三相电源调至零位,测功机旋钮旋至最小位置。用销钉把测功机的定子和转子销住。接通电源,慢慢调节三相可调电源,使电机在堵转状态下,定子电流达 $2\sim3$ 倍额定电流,读取此时的电压值 U_K、电流值 I_K、转矩值 M_K。

注意:实验通电时间不应超过 10 秒,以免绕组过热。实验完毕,切断电源,拔出销钉。

为简单起见、认为漏磁路饱和影响不大,对应于额定电压时的启动电流 I_{st} 和启动转矩 M_{st} 按下式计算:

$$I_{st}=\frac{U_N}{U_K}I_K$$

式中,U_K 为启动实验时的电压值,单位 V;U_N 为电机额定电压值,单位 V。

$$M_{st}=\left(\frac{I_{st}}{I_K}\right)^2 M_K$$

式中,I_K 为启动实验时的电流值,单位 A;M_K 为启动实验时的转矩值,单位 N·m。

2. 三相鼠笼式异步电动机星形-三角形(Y-△)启动

仪表与设备同实验1,仪表量程选用同实验1。

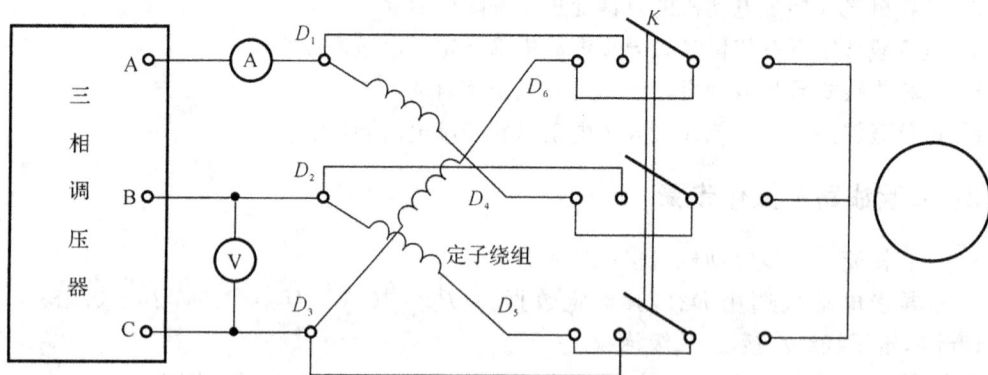

图 3-6

实验按图 3-6 接线。将三相电源调至零位,测功机旋钮旋至最小位置。先将开关合向定子绕组三角形接法侧(图中左侧)。接通电源,调节三相电源逐渐升压至额定电压,按下停止开关,再将开关 K 合向三相定子绕组 Y 接法侧(图中右侧);在按下启动开关,使电机成 Y 接法启动,读取启动时冲击电流的最大电流值,记录后与其他启动方法作定性比较。

待电动机转速升高,再把开关 K 合向左侧,使电动机切换成△接法的正常运行,整个启动过程结束。

3. 三相鼠笼式异步电动机自耦变压器降压启动

三相异步电动机选用 D21,其他设备有:电机导轨、交流电压表(DT01B)、交流电流表(DT01B)。

仪表量程选用同实验1。

实验线路按图 3-7,电机绕组△接法。将三相电源调至零位,测功机旋钮旋至最小位置。接通电源,调节三相电源逐渐升压至额定电压,按下启动按钮,电机经自耦变压器降压启动,经一定时间的延时自动切换至额定电压正常运行,整个启动过程结束。延时时间可调节时间继电器控制旋钮。另外调节三相电抗 D53 的大小,可控制电机降压幅度。观察启动时电机电流的变化

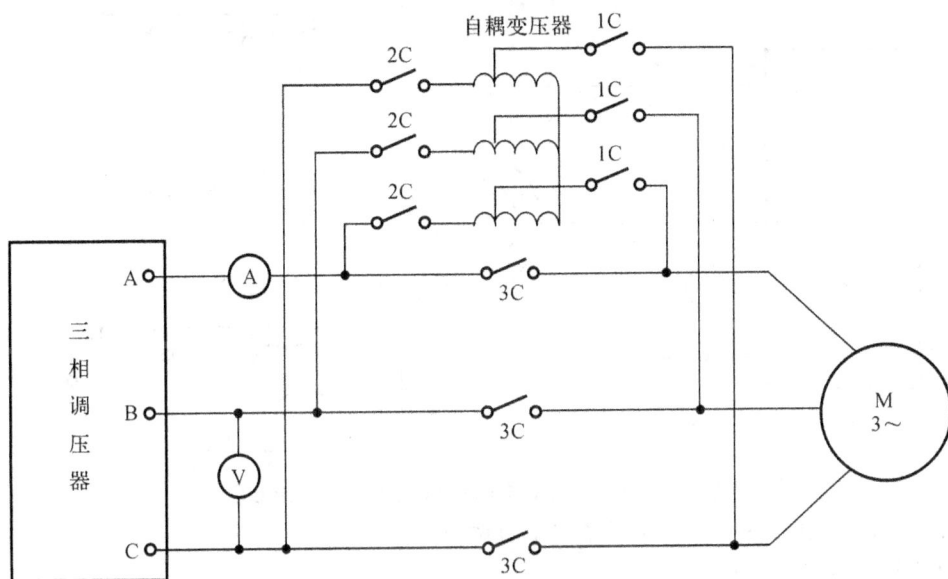

图 3-7 三相鼠笼式异步电动机自耦变压器降压启动接线图

情况以作定性比较。

4. 三相鼠笼式异步电动机降低定子电压调速实验

仪器设备同实验1。

仪表量程选择为：电压表的量程为250V，电流表的量程为1A。

按图3-5接线，电机绕组△接法。将三相电源调至零位，测功机旋钮旋至最小位置。接通电源，逐渐升高电压，启动电机，调节三相电源使之逐渐升压至额定电压（注意电机转向符合测功机加载要求）。慢慢旋动测功机加载旋钮，使电机负载接近于额定负载。记录此时电机定子电压、定子电流、转速和测功机转矩数据；每一次改变三相电源电压都要保持电机负载不变，记录上述数据于表3-7，共测3～4组数据。改变电机负载，重复以上实验。

表 3-7

序号	U_{AB}	U_{BC}	U_{CA}	I_A	I_B	I_C	M_2	n	P_2

5. 三相绕线转子异步电动机转子串可变电阻器启动

三相绕线转子异步电动机选用 D15，其额定点 $P=100W, U=220V(Y), I=0.55A, n=1420r/min$。电机绕组 Y 接法，E 级绝缘。其他所需设备有：电机导轨，交流电压表（DT01B），交流电流表（DT01B），绕线电机调节电阻（DT05）。

仪表量程选择为：电压表的量程为250V，电流表的量程为2.5A。

实验按图3-8接线。安装绕线转子异步电机使电机与测功机同轴联接，旋紧固定螺丝。将三相电源调至零位，测功机旋钮旋至最小位置。将绕线电机调节电阻放至阻值最大位置，接通电源，启动电机，检查电动机转向是否符合测功机的转向要求。调节三相电源逐渐升压至额定电压。改变转子调节电阻大小，直至转子回路短接为止。观察启动和调节过程中的电流和转速的变化情况。

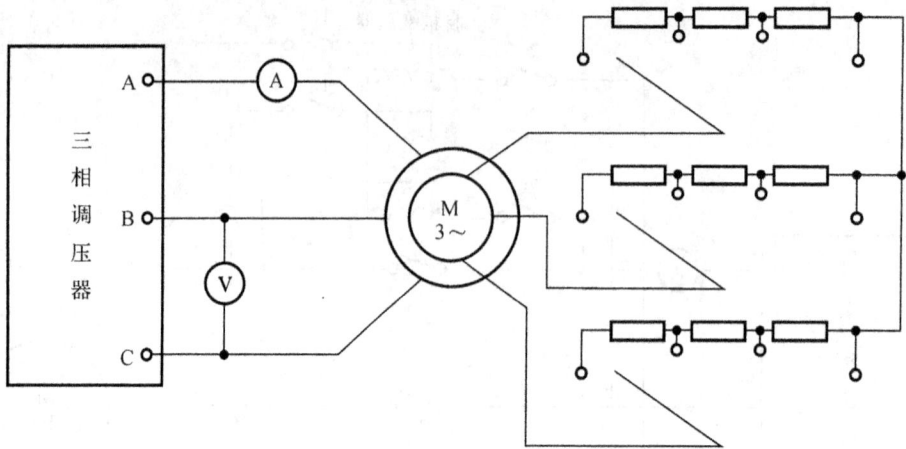

图 3-8　三相绕线式异步电动机转子串可变电阻器启动

6. 三相绕线转子异步电动机转子串电阻调速实验

仪器与设备同实验 5。

仪表量程选择为：电压表的量程为 250V，电流表的量程为 1A。

按图 3-8 接线，电机绕组 Y 接法。将三相电源调至零位，测功机旋钮旋至最小位置。将绕线电机调节电阻放至阻值最小位置，接通电源，逐渐升高电压，启动电机，调节三相电源使之逐渐升压至额定电压（注意电机转向符合测功机加载要求）。慢慢旋动测功机加载旋钮，使电机负载接近于额定负载。记录此时电机定子电压、定子电流、转速和测功机转矩数据；改变转子绕组调节电阻，保持电机负载不变，记录上述数据于表 3-8，共测 4 组数据。改变电机负载，重复以上实验。

表 3-8

序号	R_{st}	U_{AB}	U_{BC}	U_{CA}	I_A	I_B	I_C	M_2	n	P_2

五、实验报告

1. 试比较异步电动机不同启动方法的优缺点。

2. 三相绕线异步电动机转子绕组串入电阻对启动电流和启动转矩的影响。

3. 比较三相绕线式异步电动机转子绕组串入电阻与调节定子绕组端电压调速对电动机转速的影响。

六、思考题

1. 启动电流和外施电压成正比，启动转矩和外施电压的平方成正比在什么情况下才能成立？

2. 在恒转矩负载下，三相绕线式异步电动机串入电阻调速，理论上分析电流应保持不变，试验的实际情况如何？为什么？

实验三　三相异步电动机的机械特性

一、实验目的

用直接测功法测取异步电动机电动状态下的转矩—转速特性曲线。

二、预习要点

三相异步电动机运行于电动状态下的机械特性在直角坐标中哪个象限？其特性曲线大致形状怎样？

三、实验项目

测取异步电动机电动运行状态时的机械特性。

四、实验线路及操作步骤

被试电机选用的三相鼠笼式异步电动机编号为 D21，其额定点 $P_N=100W$，$U_N=220V$，$I_N=0.48A$，$n_N=1420r/min$。电机绕组△接法，E 级绝缘。

实验所需设备有：电机导轨（DT06），交流电流表（DT01B），交流电压表（DT01B）。

仪表量程选择为：交流电压表的量程选为 500V，交流电流表的量程选为 5A。

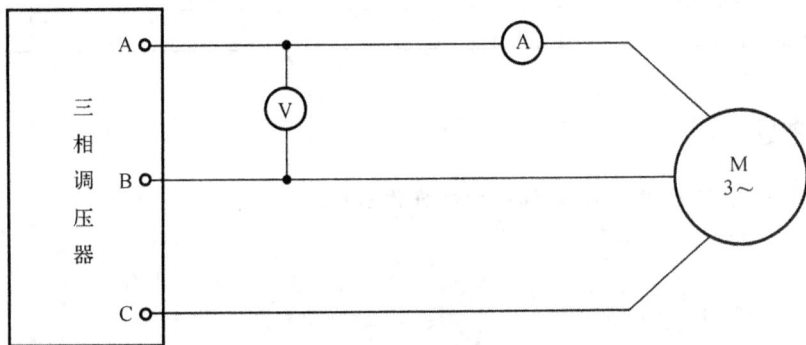

图 3-9　测取三相鼠笼式异步电动机 M-S 曲线接线图

安装电机时，将电机与测功机同轴联接，旋紧固定螺丝。实验线路按图 3-9 接线。

将三相电源调至零位，测功机旋钮旋至最小位置。接通电源，逐渐升高电压，启动电机，调节三相电源使之逐渐升压至 160V（注意电机转向符合测功机加载要求）。逐渐旋动测功机加载旋钮，使电机慢慢加载，这时电机转速慢慢下降。连续增加负载，直至电机转速下降到 300r/min左右为止。在此期间记录定子电压、定子电流、转速、测功机转矩等数据，记录于表 3-9 中。然后反方向旋动加载旋钮，慢慢减轻负载，直至电机空载。同样记录以上参数，记录于表 3-10 中。

五、实验报告

绘出电动状态下增速和降速时电机的机械特性曲线，并加以分析比较。

表 3-9

序号	升速特性				计算值	
	U'(V)	I'(A)	M'(N·m)	n(r/min)	U(V)	M(N·m)

表 3-10

序号	降速特性				计算值	
	U'(V)	I'(A)	M'(N·m)	n(r/min)	U(V)	M(N·m)

六、思考题

1. 如果降低电机的端电压,该机械特性将作如何的改变?

实验四　单相电阻启动异步电动机

一、实验目的

用实验方法测定单相电阻启动异步电动机的技术指标及参数。

二、预习要点

1. 单相电阻启动异步电动机有哪些技术指标和参数。
2. 这些技术指标怎样测定？参数怎样测定？

三、实验项目

1. 测量电机定子主、副绕组的实际冷态电阻
2. 空载实验
3. 短路实验
4. 负载实验

四、实验线路及操作步骤

选用的单相电阻启动异步电动机编号为 D22，其额定数据为：$P_N = 90W$，$U_N = 220V$，$I_N = 1.45A$，$n_N = 1450r/min$。

1. 分别测量电机定子主、副绕组的实际冷态电阻

测量方法具体见实验一，并记录当时室温。

2. 空载实验

实验所需设备有：电机导轨，功率表（DT01B），交流电流表（DT01B），交流电压表（DT01B）。

仪表量程选择为：交流电压表的量程选为 250V，交流电流表的量程选为 0.5A，功率表的量程选为 250V、0.5A。

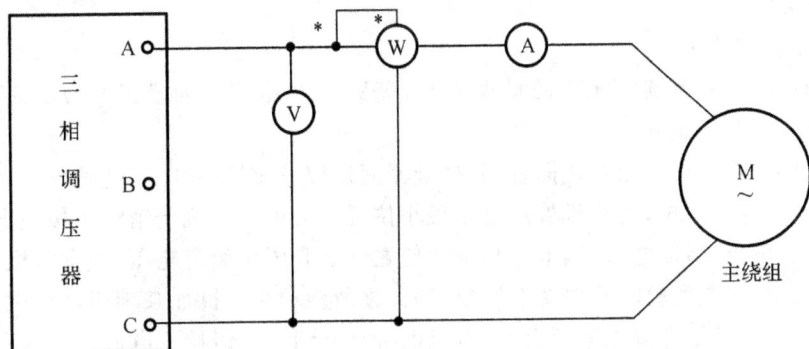

图 3-10　单相电阻启动异步电动机实验接线图

安装电机时，空载实验时电机和测功机脱离，旋紧固定螺丝。按图 3-10 接线。

先把三相电源调至零位。接通电源，逐渐升高电压，启动电机，保持电动机在额定电压下空

载运行数分钟,使机械损耗达到稳定后再进行实验。调节电源电压由 1.2 倍额定电压开始逐渐降低,电压降至 $0.3U_N$。在这范围内读取空载电压、空载电流、空载功率,共读取 7～9 组数据,记录于表 3-11 中。实验完毕,按下三相电源停止按钮开关,停止电机。

表 3-11

序号									
U_0(V)									
I_0(A)									
P_0(W)									

3. 短路实验

选用设备同空载实验。

仪表量程选择为:交流电压表的量程选为 250V,交流电流表的量程为 2.5A。

安装电机时,将电机与测功机同轴联接,旋紧固定螺丝,并用销钉把测功机的定子和转子销住。按图 3-10 接线。

实验时首先把三相电源调至零位,然后接通电源,调整绕组联接使电机转向符合测功机加载要求,慢慢地调节三相交流可调电源使之逐渐升压至短路电流接近额定电流为止。在这范围内读取短路电压、短路电流、短路转矩共 5～7 组数据,记录于表 3-12 中。实验完毕,按下三相电源停止按钮开关,停止电机。

注意:测取每组读数时,通电持续时间不应超过 5 秒,以免绕组过热及热继电器过流动作。

表 3-12

序号									
U_K(V)									
I_K(A)									
P_K(W)									

转子绕组等值电阻的测定:副绕组脱开,主绕组加低电压使绕组中的电流等于或接近额定值,测取电压 U_{K0},电流 I_{K0} 及功率 P_{K0}。

4. 负载实验

选用设备同空载实验。

仪表量程选择为:交流电压表的量程选为 500V,交流电流表的量程选为 2.5A,功率表的量程选为 500V、2A、$\cos\varphi=1$。

安装电机时,将电机与测功机同轴联接,旋紧固定螺丝。按图 3-10 接线。

将三相电源调至零位,测功机旋钮旋至最小位置。去掉测功机上销钉。接通电源,测功机调零,逐渐升高电压,启动电机,调节三相电源使之逐渐升压至额定电压(注意电机转向要符合测功机加载要求,并在实验时要保持电压恒定)。逐渐旋动测功机加载旋钮,使电机慢慢加载,这时异步电动机的定子电流也逐渐上升,直至电流上升到 1.1 倍额定电流。从这点负载开始,逐渐减少负载直至空载,在这范围内读取异步电动机的定子电流、输入功率、转速、测功机转矩等数据,共读取 6～8 组数据,记录于表 3-13 中。

表 3-13　　　　　　　　　　　　$U_1=U_N=$_____V

序号							
$I(A)$							
$P_1(W)$							
$M_2(N \cdot m)$							
$n(r/min)$							

五、实验报告

1. 由实验数据计算出电机参数

(1)由短路试验数据求短路参数

短路阻抗：$Z_K = \dfrac{U_K}{I_K}$

短路电阻：$R_K = \dfrac{P_K}{I_K^2}$

短路电抗：$X_K = \sqrt{Z_K^2 - R_K^2}$

式中，U_K、I_K、P_K 分别对应于 I_K 为额定电流时的相电压、相电流和三相短路功率。

转子电阻的折算值：$R_2' \approx R_K - R_1$

定、转子绕组漏抗：$X_{1\sigma} \approx X_{2\sigma} \approx \dfrac{1}{2} X_K$

(2)由空载试验数据求激磁回路参数

空载阻抗：$Z_0 = \dfrac{U_{0\varphi}}{I_K}$

空载电阻：$r_0 = \dfrac{P_0}{I_0^2}$

空载电抗：$X_0 = \sqrt{Z_0^2 - r_0^2}$

式中，U_0、I_0、P_0 分别对应于 U_0 为额定电压时的相电压、相电流和三相空载功率。

激磁电抗：$X_m = X_0 - X_{1\sigma}$

2. 由负载试验计算出电机工作特性 P_1、I_1、n、η、S、$\cos\varphi_1 = f(P_2)$

3. 计算电动机的启动技术数据

六、思考题

1. 由电机参数计算出电机工作特性和实测数据是否有差异？由什么引起？

实验五　单相电容启动异步电动机

一、实验目的

用实验方法测定单相电容启动异步电动机的技术指标及参数。

二、预习要点

1. 单相电容启动异步电动机有哪些技术指标和参数？
2. 这些技术指标怎样测定？参数怎样测定？

三、实验项目

1. 测量电机定子主、副绕组的实际冷态电阻。
2. 空载实验。
3. 短路实验。
4. 负载实验。

四、实验线路及操作步骤

选用的单相电容启动异步电动机编号为 D23，其额定点 $P_N = 90W, U_N = 220V, I_N = 1.45A, n_N = 1440r/min$。

1. 分别测量电机定子主、副绕组的实际冷态电阻

测量方法具体见实验一，并记录当时室温。

2. 空载实验

实验所需设备有：电机导轨，功率表（DT01B），交流电流表（DT01B），交流电压表（DT01B），可变电容器（DT23）。

仪表量程选择为：交流电压表的量程选为 500V，交流电流表的量程选为 0.5A，功率表的量程选为 250V、0.5A，电容器选择电容值为 $39\mu F$。

安装电机时，空载实验时电机和测功机脱离，旋紧固定螺丝。按图 3-11 接线。

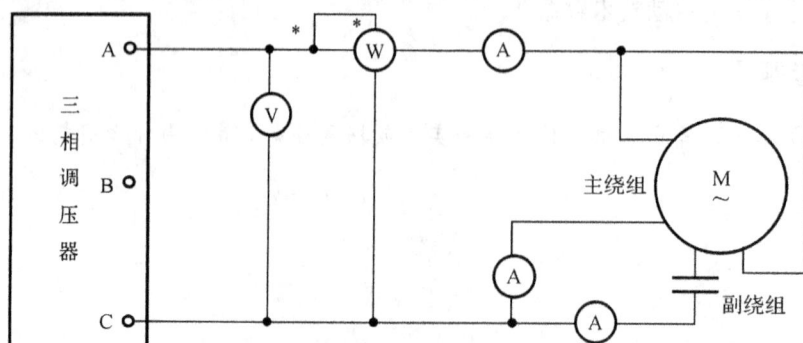

图 3-11　单相电容启动异步电动机实验接线图

实验前首先把三相电源调至零位。接通电源，逐渐升高电压，启动电机，保持电动机在额定

电压时空载运行数分钟,使机械损耗达到稳定后再进行实验。调节电源电压由 1.2 倍额定电压开始逐渐降低,直至电机电流或功率显著增大为止(或 $0.3U_N$)。在这范围内读取空载电压、空载电流、空载功率,共读取 7～9 组数据,记录于表 3-14 中。实验完毕,按下三相电源停止按钮开关,停止电机。

表 3-14

序号								
U_0(V)								
I_0(A)								
P_0(W)								

3. 短路实验

选用设备同空载实验。

仪表量程选择为:交流电压表的量程选为 250V,交流电流表的量程为 5A,电容器选择电容值为 39μF。

安装电机时,将电机与测功机同轴联接,旋紧固定螺丝。并用销钉把测功机的定子和转子销住。测量接线图同图 3-11。

调整绕组联接使电机转向符合测功机加载要求。实验时首先把三相电源调至零位,然后接通电源,慢慢地调节三相交流可调电源使之逐渐升压至短路电流接近额定电流为止。在这范围内读取短路电压、短路电流、短路转矩共 5～7 组数据,记录于表 3-15 中。实验完毕,按下三相电源停止按钮开关,停止电机。

注意:测取每组读数时,通电持续时间不应超过 5 秒,以免绕组过热及热继电器过流动作。

表 3-15

序号							
U_K(V)							
I_K(A)							
M_K(N·m)							

转子绕组等值电阻的测定:副绕组脱开,主绕组加低电压使绕组中的电流等于或接近额定值,测取电压 U_{K0},电流 I_{K0} 及功率 P_{K0}。

4. 负载实验

选用设备同空载实验。

仪表量程选择为:交流电压表的量程选为 250V,交流电流表的量程选为 2.5A,功率表的量程选为 250V、2A,电容器选择电容值为 39μF。

安装电机时,将电机与测功机同轴联接,旋紧固定螺丝。测量接线图同图 3-11。

将三相电源调至零位,测功机旋钮旋至最小位置。接通电源,逐渐升高电压,启动电机,测功机调零,调节三相电源使之逐渐升压至额定电压(注意电机转向要符合测功机加载要求,并在实验时要保持电压恒定)。逐渐旋动测功机加载旋钮,使电机慢慢加载,这时异步电动机的定子电流也逐渐上升,直至电流上升到 1.1 倍额定电流。从这点负载开始,逐渐减少负载直至空载,在这范围内读取异步电动机的定子电流、输入功率、转速、测功机转矩等数据,共读取 6～8

组数据,记录于表 3-16 中。实验完毕,按下三相电源停止按钮开关,停止电机。

表 3-16　　　　　　　　　　　$U_1 = U_N = $＿＿＿＿＿ V

序号									
I(A)									
P_1(W)									
M_2(N·m)									
n(r/min)									

五、实验报告

1. 由实验数据计算出电机参数。
2. 由负载试验数据计算出电机工作特性 $P_1 、 I_1 、 n 、 \eta 、 S 、 \cos\varphi_1 = f(P_2)$。
3. 确定电容参数的选择。

六、思考题

1. 电容参数该怎样决定? 电容怎样选配?

实验六　单相电容运转异步电动机

一、实验目的

用实验方法测定单相电容运转异步电动机的技术指标及参数。

二、预习要点

1. 单相电容运转异步电动机有哪些技术指标和参数？
2. 这些技术指标怎样测定？参数怎样测定？

三、实验项目

1. 测量电机定子主、副绕组的实际冷态电阻
2. 有效匝数比的测定
3. 空载实验
4. 短路实验
5. 负载实验

四、实验线路及操作步骤

选用的单相电容启动异步电动机编号为 D24,其额定数据为 $P_N=120W,U_N=220V,I_N=1A,n_N=1430r/min$。

1. 分别测量电机定子主、副绕组的实际冷态电阻

测量方法具体见实验一,并记录当时室温。

2. 有效匝数比的测定

实验所需设备有:电机导轨(DT06),功率表(DT01B),交流电流表(DT01B),交流电压表(DT01B),可变电容器(DT23),开关(DT26)。

仪表量程选择为:交流电压表的量程选为 250V,交流电流表的量程选为 0.5A,功率表的量程选为 250V、0.5A,电容器选择电容值为 $4\mu F$。

安装电机时,电机和测功机脱离,旋紧固定螺丝。按图 3-12 接线。

实验前首先把三相电源调至零位。接通电源,逐渐升高电压至额定电压,启动电机,断开开关 S_1(将副绕组开路)。测量副绕组的感应电势 E_a;断开三相电源,停止电机,并把三相电源调至零位。打开开关 S_2(将主绕组开路),合上开关 S_1 将 $1.25E_a$ 电压加于电机副绕组上,测量此时的主绕组感应电势 E_m。实验完毕,断开电源。

根据测量值代入下式计算有效匝数比:

绕组的有效匝数比 $K=\sqrt{\dfrac{U_a \times E_a}{E_m \times 220}}$

3. 空载实验

实验所需设备同有效匝数比实验。

仪表量程选择同有效匝数比实验。

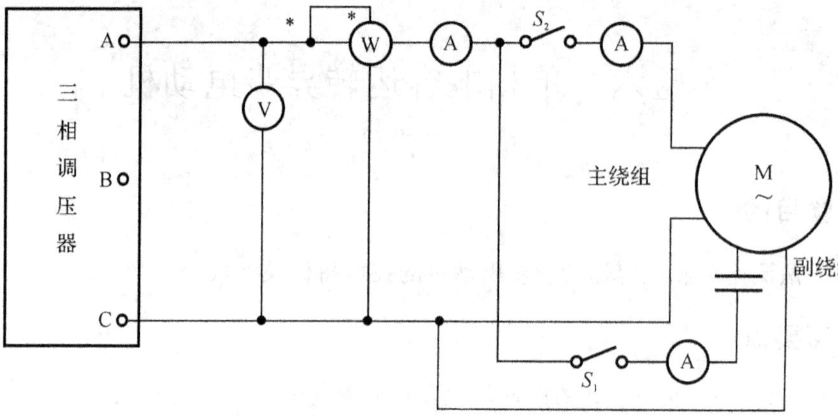

图 3-12　单相电容异步电动机实验接线图

安装电机时,空载实验时电机和测功机脱离,旋紧固定螺丝。按图 3-12 接线。

实验前首先把三相电源调至零位。接通电源,逐渐升高电压,启动电机,打开开关 S_1(将副绕组开路)。保持电动机在额定电压时空载运行数分钟,使机械损耗达到稳定后再进行实验。调节电源电压由 1.2 倍额定电压开始逐渐降低,直至电机电流或功率显著增大为止(或 $0.3U_N$)。在这范围内读取空载电压、空载电流、空载功率,共读取 7～9 组数据,记录于表 3-17 中。实验完毕,按下三相电源停止按钮开关,停止电机。

表 3-17

序号									
U_0(V)									
I_0(A)									
P_0(W)									

4. 短路实验

选用设备同空载实验。

仪表量程选择为:交流电压表的量程选为 250V,交流电流表的量程为 5A,电容器选择电容值为 $4\mu F$。

安装电机时,将电机与测功机同轴联接,旋紧固定螺丝,并用销钉把测功机的定子和转子销住。测量接线图同图 3-12。

调整绕组联接使电机转向符合测功机加载要求。实验时首先把三相电源调至零位,然后接通电源,慢慢地调节三相交流可调电源使之逐渐升压至短路电流接近额定电流为止。在这范围内读取短路电压、短路电流、短路转矩共 5～7 组数据,记录于表 3-18 中。实验完毕,按下三相电源停止按钮开关,停止电机。

注意:测取每组读数时,通电持续时间不应超过 5 秒,以免绕组过热及热继电器过流动作。

表 3-18

序号								
U_K(V)								
I_K(A)								
M_K(N·m)								

转子绕组等值电阻的测定：副绕组脱开，主绕组加低电压使绕组中的电流等于或接近额定值，测取电压 U_{K0}，电流 I_{K0} 及功率 P_{K0}。

5. 负载实验

选用设备同空载实验。

仪表量程选择为：交流电压表的量程选为 250V，交流电流表的量程选为 2.5A，功率表的量程选为 250V、2A，电容器选择电容值为 $4\mu F$。

测量接线图同图 3-12。将三相电源调至零位，测功机旋钮旋至最小位置。除去销钉。接通电源，逐渐升高电压，启动电机，调节三相电源使之逐渐升压至额定电压（注意电机转向要符合测功机加载要求，并在实验时要保持电压恒定）。逐渐旋动测功机加载旋钮，使电机慢慢加载，这时异步电动机的定子电流也逐渐上升，直至电流上升到 1.1 倍额定电流。从这点负载开始，逐渐减少负载直至空载，在这范围内读取异步电动机的定子电流、输入功率、转速、测功机转矩等数据，共读取 6～8 组数据，记录于表 3-19 中。实验完毕，按下三相电源停止按钮开关，停止电机。

表 3-19　　　　　　　　　　　　　$U_1 = U_N = \underline{\qquad}$ V

序号								
$I(A)$								
$P_1(W)$								
$M_2(N \cdot m)$								
$n(r/min)$								

五、实验报告

1. 由实验数据计算出电机参数。
2. 由负载试验计算出电机工作特性：P_1、I_1、n、η、S、$\cos\varphi_1 = f(P_2)$。
3. 确定电容参数的选择。

六、思考题

1. 电容参数应如何确定？电容如何选配？

第四章　同步电机

实验一　三相同步发电机的运行特性

一、实验目的

1. 用实验方法测量同步发电机在对称负载下的运行特性。
2. 由实验数据计算同步发电机在对称运行时的稳态参数。

二、预习要点

1. 同步发电机在对称负载下运行有哪些基本特性？这些基本特性曲线大致形状如何？
2. 这些基本特性各在什么情况下测得？
3. 怎样用实验数据和特性曲线计算对称运行时的稳态参数？

三、实验项目

1. 测定电枢绕组实际冷态直流电阻。
2. 空载试验。
3. 三相短路试验。
4. 纯电感负载试验。
5. 求取外特性曲线。
6. 求取调整特性曲线。

四、实验线路及操作步骤

被试电机为三相凸极式同步电机 D16,额定数据为:$S_N=170W$,$U_N=220V$,$I_N=0.45A$,$n_N=1500r/min$,$\cos\varphi_N=0.8$,$U_{fN}=14V$,$I_{fN}=1.2A$,Y 接法,E 级绝缘。

1. 测定电枢绕组实际冷态直流电阻

采用伏安法,测量与计算方法参见第三章实验一。

2. 空载试验

选用实验设备有:原动机 D17 并励直流电动机,交流电压表 DT01B,交流电流表 DT01B,开关 DT26,三相可变电抗器 DT22,可变电阻器 DT20、DT21,直流电流表 DT10,32V(或 24

伏)直流稳压电源 DT03,励磁调节电阻、电枢调节电阻(DT04)。

量程选择:电压表选择为 500V,交流电流表选为 0.5A,直流电流表选为 5A。

安装电机使并励直流电动机 D17 和测功机同轴联接,旋紧固定螺钉,使凸极式同步发电机 D16 和并励直流电动机 D17 同轴联接,旋紧固定螺钉。同步机定子绕组 Y 形接法。

按图 4-1 接线,其中可变电阻器 R_1 用 DT21 中两只并联再和两只串联连接。

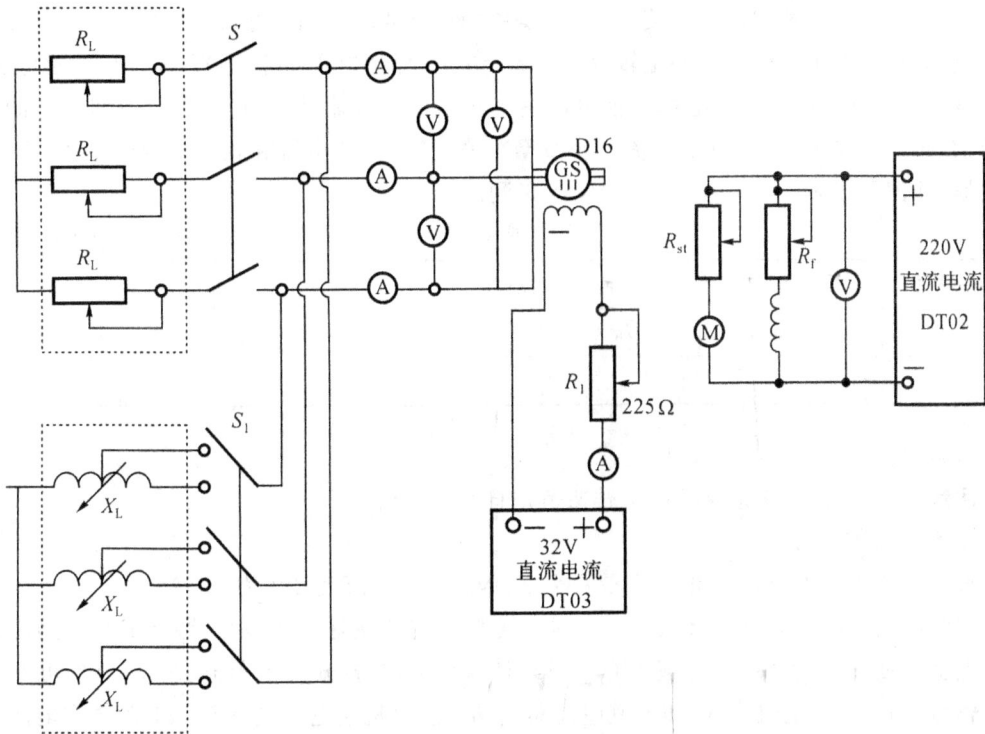

图 4-1　三相同步发电机接线图

调节可变电阻器使阻值至最大,调节 DT04 电枢调节电阻 R_{st} 至最大,励磁调节电阻 R_f 至最小,把开关 S、S_1 拨至断开位置,测功机励磁加载退至零位,按下控制屏 DT01 启动按钮,启动 DT02(220V)直流电源,启动直流电动机,调 R_{st} 至最小,并调节 R_f 使电动机转速达到同步发电机的额定转速 1500r/min 并保持恒定(注意:转向要符合测功机的要求,否则断电源调节相序);启动 DT03 同步电机励磁直流电源,调节可变电阻器 R_1,读取同步发电机励磁电流和相应的输出电压。调节可变电阻器 R_1 时,必须单方向调节,即从励磁电流 I_f 等于零开始,逐步减小电阻,使 I_f 单调递增直至输出电压 $U_0 \approx 1.3U_N$ 为止,然后逐步增加电阻使 I_f 单调减少直至 I_f 等于零为止。读取励磁电流和相应的空载电压,共取 7~9 组数据,并记录于表 4-1 中。其中 $U_0 = U_N$ 和 $I_f = 0$ 两点必须测取。

表 4-1　　　　　　　　　　　　　　　$I=0, n=n_N=1500r/min$

序号	空载电压(V)				励磁电流(A)
	U_{AB}	U_{BC}	U_{CA}	U_0	I_f

表中,$U_0 = (U_{AB} + U_{BC} + U_{CA})/3$

注意:① 调节可变电阻器 R_1 时,应按电流的大小,选择串联或并联电阻的调节,而且必须单方向调节。

② 转速要保持恒定。

③ 在额定电压附近读数相应多些。

3. 三相短路试验

调节可变电阻器 R_1 使阻值达最大,断开直流电源,使电机停机。这时 R 和 X 均应调至 0 位,将同步发电机三相输出端短接。按空载实验的启动要求分别调好各电阻的位置,重新启动直流电动机,调节电机转速达额定转速 1500r/min,且保持恒定。启动 DT03 直流励磁电源,调节可变电阻器 R_1,使同步发电机电枢电流达 1.2 倍额定电流,读取励磁电流值和相应的定子电流值,再调节电阻 R_1 使励磁电流减小直至为零,读取励磁电流和相应的定子电流,取 4~5 组数据,并记录于表 4-2 中,其中 $I_K = I_N$ 点必测。

表 4-2　　　　　　　　$U = 0V, n = n_N = 1500r/min$

序号	短路电流(A)				励磁电流(A)
	I_A	I_B	I_C	I_K	I_f

表中,$I_K = (I_A + I_B + I_C)/3$

注意:调节电流时必须保持电机转速恒定且为额定值。

4. 纯电感负载试验

直流电流表量程为 5A,电压表量程为 250V。交流电流表量程为 0.5A。

调节可变电阻器 R_1 使阻值达最大,调节可变电抗器使阻抗达最大,调节 DT04 励磁电路可变电阻器使电机转速达额定值 1500r/min 且保持恒定,把开关 S 打开,S_1 闭合到可变电抗器负载端,调节可变电阻器 R_1 和可变电抗器使同步发电机端电压接近于 1.1 倍额定电压且电枢电流为额定电流,读取端电压值和励磁电流值。调节励磁电流使电机端电压减小且调节电阻和可变电抗器使电枢电流值保持恒定为额定电流,直至端电压为零。读取端电压和相应的励磁电流,共读取 7~9 组数据,记录数据于表 4-3 中。其中 $U = U_N$ 点必测。

表 4-3　　　　　　　　$n = n_N = 1500r/min, I = I_N = \underline{\quad\quad}$A

序号	发电机电压(V)				励磁电流(A)
	U_{AB}	U_{BC}	U_{CA}	U	I_f

表中,$U = (U_{AB} + U_{BC} + U_{CA})/3$

注意:调节励磁电流和可变电抗器时必须保持定子电流为额定值。

5. 测同步发电机的外特性

(1)纯电阻负载

R_1 用三相可变电阻器 DT20。直流电流表量程为 2A。

每相电阻由 2 只 900Ω 电阻串联而成,三相可变电阻器 R_L 接成三相 Y 接法。调节可变电阻 R_1,使其阻值为最大值。把开关 S_1 打开,S 闭合在负载电阻端,调节电机转速达同步发电机额定转速 1500r/min,而且保持转速恒定。调节可变电阻器 R_1 和负载电阻 R_L 使同步发电机的端电压达额定值 220 伏且负载电流亦达额定值,保持这时的同步发电机励磁电流恒定不变,调

节负载电阻 R_L，测同步发电机端电压和相应的负载电流。调节负载电流直至减小到零，测出整条外特性。记录 4～5 组数据于表 4-4 中。

表 4-4 $n = n_N = 1500r/min, I = I_f = \underline{\quad} A, \cos\varphi = 1$

序号	三相电压(V)				励磁电流(A)			
	U_{AB}	U_{BC}	U_{CA}	U	I_A	I_B	I_C	I

表中，$U = (U_{AB} + U_{BC} + U_{CA})/3, I = (I_A + I_B + I_C)/3$

注意：实测外特性时必须保持电机转速恒定且为额定值，保持同步发电机励磁电流恒定，且三相电流平衡。

（2）功率因数为 0.8 时的外特性

把可变电阻负载 R_L 和可变电抗负载 DT22 并联使用作负载。

调节可变负载电阻 DT21 使阻值达最大，调节可变电抗器 DT22 使阻值达最大值，闭合开关 $S、S_1$，调节可变电阻器 R_1 使其阻值为最大值，检查直流电动机电枢及励磁回路电阻位置是否恰当。启动 DT02(220V)直流稳压电源，调节 DT04 励磁电路可变电阻使电机转速达同步发电机额定转速 1500r/min，且保持转速恒定，启动 32V 直流电源 DT03，调节可变电阻器 R_1 和负载电阻 R_L 及可变电抗器 DT22，使同步发电机的端电压达额定值 220V 且负载电流达额定值且功率因数为 0.8，保持这时的同步发电机励磁电流恒定不变。调节负载电阻 R_1 和可变电抗器 DT22 使负载电流减小至空载而功率因数保持不变为 0.8，测发电机端电压和相应的负载电流，测出整条外特性。记录 4～5 组数据于表 4-5 中。

表 4-5 $n = n_N = 1500r/min, I = I_f = \underline{\quad} A, \cos\varphi = 0.8$

序号	三相电压(V)				励磁电流(A)			
	U_{AB}	U_{BC}	U_{CA}	U	I_A	I_B	I_C	I

表中，$U = (U_{AB} + U_{BC} + U_{CA})/3, I = (I_A + I_B + I_C)/3$

注意：实测外特性时必须保持电机转速恒定且为额定值，保持同步发电机励磁电流恒定。三相电流平衡。

6. 测同步发电机在纯电阻负载时的调整特性

打开开关 S_1 和 S，调节可变电阻 R_L 和 R_1 使阻值达最大，电机转速仍为额定转速 1500r/min 且保持恒定，调节可变电阻器 R_1 使发电机端电压达额定值 220V。测取此时的励磁电流为 I_{f0}。合上开关 S，调节可变负载电阻 R_L 和 R_1，在保持发电机的端电压为额定值的条件下，使发电机负载电流增加至 $1.2I_N$。读取负载电流及相应的励磁电流值。测出整条调整特性。记录数据 4～5 组于表 4-6 中。

表 4-6 $U = U_N = 220V, n = n_N = 1500r/min, \cos\varphi = 1$

序号	负载电流(A)				励磁电流(A)
	I_A	I_B	I_C	I	I_f

表中，$I=(I_A+I_B+I_C)/3$

注意：测调整特性时必须保持电机转速为额定值，保持同步发电机端电压为额定值。三相电流为平衡电流。

五、实验报告

1. 根据实验数据绘出同步发电机的空载特性图。
2. 根据实验数据绘出同步发电机短路特性图。
3. 根据实验数据绘出同步发电机的纯电感负载特性图。
4. 根据实验数据绘出同步发电机的外特性图。
5. 根据实验数据绘出同步发电机的调整特性图。
6. 由空载特性和短路特性求取电机定子漏抗 $X_σ$ 和特性三角形。
7. 由零功率因数特性和空载特性确定电机定子保梯电抗。
8. 利用空载特性和短路特性确定同步电机的直轴同步电抗 X_d（不饱和值）。
9. 利用空载特性和纯电感负载特性确定同步电机的直轴同步电抗 X_d（饱和值）。
10. 求短路比。
11. 由外特性试验数据求取电压调整率 $\Delta U\%$。

六、思考题

1. 定子漏抗 $X_σ$ 和保梯电抗 X_p 它们各代表什么参数？它们的差别是怎样产生的？
2. 空载、三相短路及零功率因数负载特性曲线的形状大致是什么样？为什么？
3. 空载特性和特性三角形用作图法求得的零功率因数的负载特性和实测特性是否有差别？造成这差别的因素是什么？

实验二　三相同步发电机的并联运行

一、实验目的

1. 掌握三相同步发电机投入电网并联运行的条件与操作方法。
2. 掌握三相同步发电机与电网并联运行时有功功率与无功功率的调节。

二、预习要点

1. 三相同步发电机投入电网并联运行必须满足哪些条件？不满足这些条件将产生什么后果？如何满足这些条件？
2. 三相同步发电机投入电网并联运行时怎样调节有功功率和无功功率？调节过程又是怎样的？

三、实验项目

1. 用准确同步法将三相同步发电机投入电网并联运行。
2. 用自同步法将三相同步发电机投入电网并联运行。
3. 三相同步发电机与电网并联运行时有功功率的调节。
4. 三相同步发电机与电网并联运行时无功功率的调节。
(1)测取当输出功率等于零时三相同步发电机的 V 形曲线。
(2)测取当输出功率等于 0.5 倍额定功率时三相同步发电机的 V 形曲线。

四、实验线路及操作步骤

被试电机为三相凸极式同步电机 D16，额定数据为：$P_N = 170W$，$U_N = 220V$，$I_N = 0.45A$，$n_N = 1500r/min$，$\cos\varphi_N = 0.8$，$U_{fN} = 14V$，$I_{fN} = 1.2A$，Y 接法，E 级绝缘。

1. 用准确同步法将三相同步发电机投入电网并联运行

三相同步发电机与电网并联运行必须满足下列条件：

(1)发电机的频率和电网频率要相同，即 $f_{II} = f_1$；

(2)发电机和电网电压大小、相位要相同，即 $E_{0II} = U_1$；

(3)发电机和电网的相序要相同。

为了检查这些条件是否满足，可用电压表检查电压，用灯光旋转法检查相序和频率。

选用设备有：原动机为 D17 并励直流电动机，DT04 磁场调节电阻、电枢调节电阻，三相凸极式同步电机 D16，32V 直流稳压电源 DT03，直流电流表 DT01B，并车开关 DT26，可变电阻器 DT21，交流电压表 DT01B，交流电流表 DT01B，功率表 DT01B，功率因数表 DT01B，整步表 DT24。

量程选择：交流电流表的量程选择为 0.5A，功率因数表的量程选择为 2A、250V，功率表量程选择为 2A、250V，直流电流表量程选择为 5A，交流电压表量程根据所测电压的不同选择合适的量程。

实验线路图如图 4-2 所示。

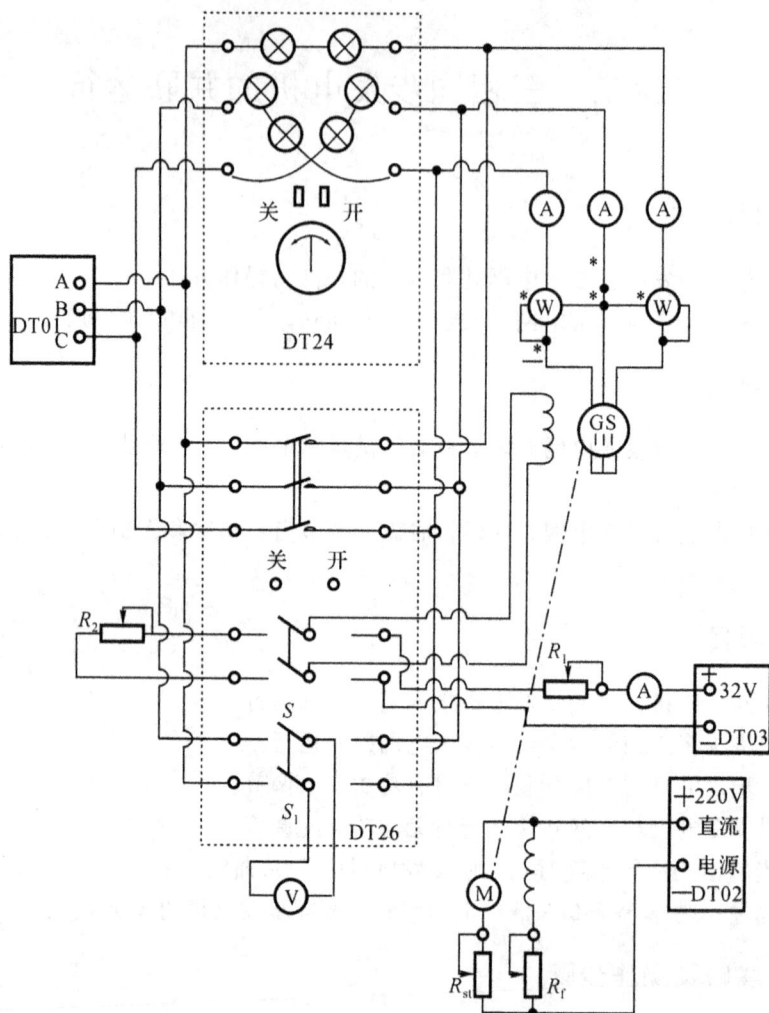

图 4-2　三相同步电机并网接线图

　　安装并励直流电动机 D17 使它和测功机同轴联接,旋紧固定螺丝,安装凸极式三相同步电机 D16 使和并励直流电动机 D17 同轴联接,旋紧固定螺丝。按图 4-2 接线,其中可变电阻器 R_1 用 DT21 的两只串联和两只并联再相互串联,调节时应按电流的大小,选择串联或并联电阻的调节。

　　调节可变电阻器 R_1 到阻值最大的位置,DT01 测功机加载退至零,按下控制屏与试验台 DT01 的启动按钮使接上电源,调节控制屏的电源调压器升压至额定电压 220V,启动直流电机并使电机转速达额定转速 1500r/min,启动 DT03 直流励磁电源,调节可变电阻器 R_1 使同步发电机发出额定电压,观察 DT24 相灯,若三相相灯依次明灭形成旋转灯光则表示发电机和电网相序相同,若三相相灯同时发亮、同时熄灭则表示发电机和电网相序不相同,若发电机和电网相序不相同则停机,改变相序后按前述方法重新启动,当发电机和电网相序相同时,调节同步发电机励磁使同步发电机电压和电网(电源)电压相同,且同时调节原动机转速使三相相灯依次明灭旋转的速度降至最慢,待 A 相相灯熄灭,B、C 相灯亮度相同时按下并车开关,这时交流接触器吸合把同步发电机投入电网并联运行。

2. 用自同步法将三相同步发电机投入电网并联运行。

在相序相同的条件下,把开关 S 闭合到励磁端(图示右端),调节可变电阻器 R_2 使其阻值约为三相同步发电机励磁绕组电阻的 10 倍(约 90Ω),启动直流电机并使电机升速到接近同步转速(1425～1575r/min 之间),启动 32 伏直流励磁电源(DT03),调节发电机电压约等于电网电压 220 伏。把 S 闭合到 R_2 端,并按下并车开关 DT26 启动按钮交流接触器吸合,同时立即把开关 S 闭合到励磁端,送入励磁电流,这时电机利用"自整步作用"使它迅速被牵入同步。

3. 三相同步发电机与电网并联运行时有功功率的调节

按上述 1、2 任意一种方法把同步发电机投入电网并联运行,调节发电机的励磁电流及原动机 D17 的励磁电流使同步发电机定子电流接近于零,这时相应的同步发电机励磁电流 $I_f = I_{f0}$。保持这励磁电流不变,调节原动机 D17 的电枢调节电阻和励磁回路可变电阻,使电枢调节电阻减小而磁场调节电阻增大,这时同步发电机输出功率 P_2 增加,在同步机定子电流接近于零到额定电流的范围内,读取三相电流、三相功率、功率因数共 5～6 组数据,记录于表 4-7。

表 4-7　　　　$n = n_N = 1500 \text{r/min}, U = \underline{\quad\quad} \text{V}, I_{f0} = \underline{\quad\quad} \text{A}$

序号	输出电流(A)				输出功率(W)			功率因数
	I_A	I_B	I_C	I	P_I	P_{II}	P_2	$\cos\varphi$

表中:$I = (I_A + I_B + I_C)/3, P_2 = P_I + P_{II}$。

4. 三相同步发电机与电网并联运行时无功功率的调节

按上述 1、2 任意一种方法把同步发电机投入电网并联运行。

(1)测取当输出功率等于零时三相同步发电机的 V 形曲线

按上述 1、2 任意一种方法把同步电机投入电网并联运行,保持同步发电机的输出功率 $P_2 \approx 0$,先增加同步发电机励磁电流 I_f,使同步发电机定子电流上升到额定电流,记录此点励磁电流、电枢电流、功率因数,减小同步发电机励磁电流 I_f 使电枢电流减小到最小值,记录此点数据,继续减小同步发电机励磁电流,这时电枢电流又将增大直至额定电流,在过励和欠励情况下读取 5～6 组数据,并记录于表 4-8 中。

表 4-8　　　　　　　　　$n=n_N=1500 \text{r/min}, U=220\text{V}, P_2 \approx 0\text{W}$

序号	输出电流(A)			励磁电流(A)		功率因数
	I_A	I_B	I_C	I	I_f	$\cos\varphi$

表中：$I=(I_A+I_B+I_C)/3$

注意：这个调节过程应一次完成，不得重复。

（2）测取当输出功率等于 0.5 倍额定功率时在相同步发电机的 V 形曲线

按上述 1、2 任意一种方法把同步发电机投入电网并联运行，调节 DT04 励磁调节电阻和电枢电阻，使同步发电机的输出功率 $P_2=0.5$ 倍额定功率。在保持 $P_2=0.5P_N$ 的条件下，增加同步发电机励磁电流 I_f，使同步发电机定子电流上升到额定电流，记录此点励磁电流、电枢电流、功率因数，减小同步发电机励磁电流 I_f 使电枢电流减小到最小值，记录此点数据，继续减小同步发电机励磁电流，这时电枢电流又将增大直至额定电流。在过励和欠励情况下读取 5～6 组数据，并记录于表 4-9 中。

表 4-9　　　　　　　　　$n=n_N=1500 \text{r/min}, U=220\text{V}, P_2=0.5P_N$

序号	三相电流(A)			励磁电流(A)		功率因数
	I_A	I_B	I_C	I	I_i	$\cos\varphi$

表中：$I=(I_A+I_B+I_C)/3$

注意：① 在调节时，首先把电枢电流调至最小，然后改变同步发电机的输出功率至 $P_2=0.5P_N$；

② 作欠励调节时，不可欠励太多，以防同步发电机失步。若出现失步，应立即增加励磁电流，以使牵入同步。同时注意电枢电流不要超过额定值。

五、实验报告

1. 分析准确同步法和自同步法的优缺点。

2. 试述并联运行条件下不满足时并网将引起什么后果？

3. 试述三相同步发电机和电网并联运行时有功功率和无功功率的调节方法。

4. 画出 $P_2 \approx 0$ 和 $P_2 \approx 0.5$ 倍额定功率时同步发电机的 V 形曲线,并加以说明。

六、思考题

1. 自同步法将三相同步发电机投入电网并联运行时先把同步发电机的励磁绕组串入 10 倍励磁绕组电阻值的附加电阻组成回路的作用是什么?

2. 自同步法将三相同步发电机投入电网并联运行时先由原动机把同步发电机带动旋转到接近同步转速(1475~1525r/min 之间)然后并入电网,若转速太低并车将产生什么情况?

3. 三相同步发电机与电网并联运行调节无功功率时,除了调节同步发电机的励磁电流外,为何还要同时调节直流电动机的励磁电流?

实验三　三相同步电动机

一、实验目的

1. 掌握三相同步电动机的异步启动方法。
2. 测取三相同步电动机的 V 形曲线。
3. 测取三相同步电动机的工作特性。

二、预习要点

1. 三相同步电动机异步启动的原理及操作步骤。
2. 三相同步电动机的 V 形曲线是怎样的,如何测得?为什么同步电动机的功率因数可以人为调节?
3. 三相同步电动机的工作特性有哪些?它们各在什么条件下测取?

三、实验项目

1. 三相同步电动机的异步启动。
2. 测取三相同步电动机输出功率 $P_2 \approx 0$ 时的 V 形曲线。
3. 测取三相同步电动机输出功率 $P_2 = 0.5$ 倍额定功率时的 V 形曲线。
4. 测取三相同步电动机的工作特性。

四、实验线路及操作步骤

被试电机为凸极式三相同步电动机 D16,额定数据为:$P_N = 90W$,$U_N = 220V$,$I_N = 0.35A$,$n_N = 1500r/min$,$\cos\varphi_N = 0.8$,$U_{fN} = 10V$,$I_{fN} = 1.1A$,Y 接法,E 级绝缘。

1. 三相同步电动机的异步启动

选用设备有:交流电压表 DT01B,功率表 DT01B,直流电源 DT02,交流电流表 DT01B,三相同步电动机 D16,直流电流表 DT10,开关 DT26,可变电阻器 DT21。

量程选择:交流电压表量程选为 250V,功率表量程选择为 0.5A、250V,功率因数表量程选择为 0.5A、250V,交流电流表量程选择为 0.5A,直流表量程选择为 2.5A。

可变电阻器 R_2 的阻值选择为同步发电机励磁绕组电阻的 10 倍(约 90Ω)。

可变电阻器 R_1 用 DT21 的两只串联和两只并联后再互相串联,调节时应按电流的大小,选择串联或并联电阻的调节。

安装电机使同步电动机 D16 和测功机同轴联接,旋紧固定螺丝。按照图 4-3 接线。

可变电阻器 R_1 调至最大值,启动 32V 直流电源 DT03,把开关 S 合向 32V 电源侧,调节可变电阻 R_1,使同步机的励磁电流 I_f 达 1A,然后再将开关 S 合向电阻 R_2 侧。测功机调至零位,把控制屏 DT01 的三只调压器分别退到零位,按下控制屏与电机试验台的启动按钮使接通电网。调节控制屏调压器逐渐升压,观察电机旋转方向是否符合测功机要求(若不符合,则停机,调整外施的电源相序使电机旋转方向符合测功机要求),若符合要求,则继续升压至同步电动机额定电压 220V,此时观察同步电动机转速,仍达不到同步速。当转速接近同步速时,把开关 S 迅速从左端转换闭合到右端,让同步电动机励磁绕组加直流励磁而强制拉入同步运行。调节同步电动机的励磁电流,使同步电动机的电枢电流达最小值,异步启动同步电动机整个启动过程完毕。

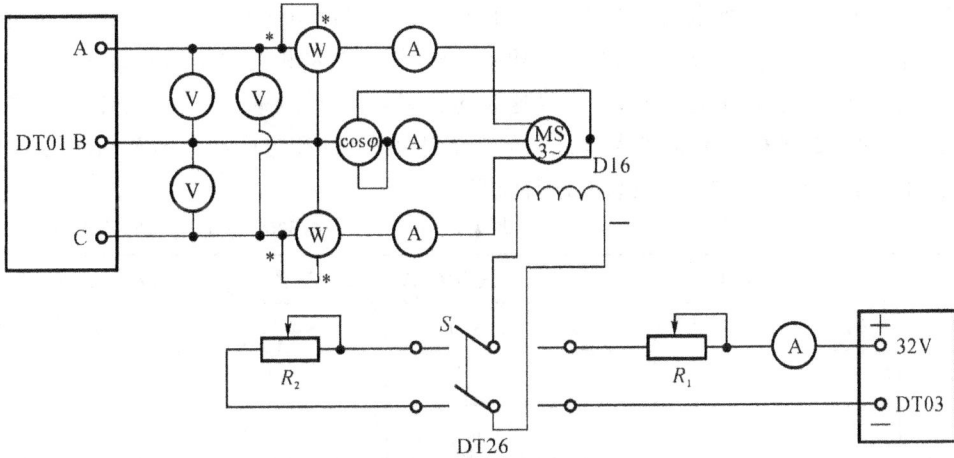

图 4-3 三相同步电动机实验接线图

2. 测取三相同步电动机输出功率 $P_2 \approx 0$ 时的 V 形曲线

按方法 1 异步启动同步电动机,测功机等于零时同步电动机输出功率 $P_2 \approx 0$,这时同步电动机的输出功率仅为测功机的机械损耗和由于测功机定子的剩磁在转子中引起的涡流损耗。保持同步电动机输出功率 $P_2 \approx 0$,调节同步电动机的励磁电流 I_f 使 I_f 增加,这时同步电动机的电枢电流亦随之增加,直至电枢电流达同步电动机的额定值,记录电枢电流和相应的励磁电流、输入功率,调节同步电动机的励磁电流 I_f 使 I_f 逐渐减小,这时电枢电流亦随之减小,直至电枢电流达最小值,记录这时的相应数据,继续调小同步电动机的励磁电流,这时同步电动机的电枢电流增大直到电枢电流达额定值,在过励和欠励范围内读取 9~11 组数据,并记录于表 4-10。

表 4-10 $n = 1500 \text{r/min}, U = 220\text{V}, P_2 \approx 0$

序号	三相电流(A)				励磁电流(A)	功率因数	输入功率(W)		
	I_A	I_B	I_C	I	I_f	$\cos\varphi$	P_I	P_I	P

表中:$I = (I_A + I_B + I_C)/3, P = P_I + P_I$

3. 测取三相同步电动机输出功率 $P_2 \approx 0.5$ 倍额定功率时的 V 形曲线

按方法 1 异步启动同步电动机,测功机先调零,调节测功机的加载旋钮,这时同步电动机输出功率改变,输出功率按下式计算:

$$P_2 = 0.105M_2n$$

式中，n 为电机转速，单位 r/min；M_2 为测功机读数，单位 N·m。

使同步电动机输出功率接近于 0.5 倍额定功率且保持不变，增加同步电动机的励磁电流 I_f，这时同步电动机的电枢电流亦随之增加，直到电枢电流达同步电动机的额定电流，记录电枢电流和相应的励磁电流、功率因数、输入功率。减小同步电动机的励磁电流 I_f，这时电枢电流亦随之减小，直至电枢电流达最小值，记录这时的相应数据，继续减小同步电动机的励磁电流，这时同步电动机的电枢电流将增大直到电枢电流达额定值，在过励和欠励范围内读取 9～11 组数据，并记录于表 4-11 中。（注意单方向调节）

表 4-11 $n=1500\text{r/min}$，$U=220\text{V}$，$P_2 \approx 0.5P_N$

序号	三相电流(A)				励磁电流(A)	功率因数	输入功率(W)		
	I_A	I_B	I_C	I	I_f	$\cos\varphi$	P_I	P_{II}	P

表中：$I = (I_A + I_B + I_C)/3$，$P = P_I + P_{II}$

4. 测取三相同步电动机的工作特性

按方法 1 异步启动同步电动机，测功机先调零，调节测功机的加载旋钮。同时调节同步电动机的励磁电流，使同步电动机输出功率达额定值时，同步机电枢电流亦达到额定值。保持此时同步电动机的励磁电流恒定不变，逐渐减小测功机负载，使同步电动机输出功率逐渐减小直至为零，读取定子电流、输入功率、功率因数、输出转矩、转速，共取 6～7 组数据，并记录于表 4-12 中。

五、实验报告

1. 作 $P_2 \approx 0$ 时同步电动机的 V 形曲线 $I = f(I_f)$，并说明定子电流的性质。

2. 作 $P_2 \approx 0.5$ 倍额定功率时同步电动机的 V 形曲线 $I = f(I_f)$，并说明定子电流的性质。

3. 作同步电动机的工作特性曲线：I、P、$\cos\varphi$、M_2、$\eta = f(P_2)$

表 4-12　　　　　$U = U_N = 220V, I_f = \underline{\quad\quad} A, n = 1500 \text{ r/min}$

序号	同步电动机输入								同步机输出		
	I_A (A)	I_B (A)	I_C (A)	I (A)	P_1 (W)	P_1 (W)	P (W)	$\cos\varphi$ (W)	M_2 (N·m)	P_2 (W)	η (%)

表中: $I = (I_A + I_B + I_C)/3$
$\qquad P = P_1 + P_1$
$\qquad P_2 = 0.105 M_2 n$
$\qquad \eta = (P_2/P) \times 100\%$

六、思考题

1. 同步电动机异步启动时,先把同步电动机的励磁绕组经一可调电阻组成回路,该可调电阻的阻值为同步电动机励磁绕值的 10 倍,约 90Ω,该电阻在启动过程中的作用是什么?若阻值为零,又将怎样?

2. 同步电动机异步启动完毕后,励磁绕组通入励磁电流,这时定子电流与电机转速有什么变化?

3. 有的凸极同步电动机,在异步启动过程中,还没有向励磁绕组通励磁电流,便牵入同步,这是为什么?

4. 在保持恒定功率输出测取 V 形曲线时,输入功率将有什么变化? 为什么?

5. 对这台同步电动机的工作特性作一评价。

第五章　异步电机（大机组）

实验一　三相鼠笼式电动机的工作特性和参数的测定

一、实验目的

1. 判别三相异步电动机定子绕组的首末端。
2. 根据异步电动机的空载和短路实验来测定三相鼠笼式异步电动机的参数。
3. 用直接负载法测取三相鼠笼式异步电动机的工作特性。

二、预习要点

1. 如何判别三相异步电动机定子绕组的首末端？
2. 异步电动机等效电路中有哪些参数？如何用空载和短路实验数据求取这些参数？
3. 异步电动机的工作特性指哪些特性？测取工作特性实验时应保持哪些物理量不变？测量哪些物理量？
4. 用二只单相功率表测量三相功率的原理及其方法。
5. 三相感应调压器和电流互感器的工作原理及他们的使用方法。

三、实验项目

1. 测量定子相绕组室温下的电阻。
2. 判别三相定子绕组的首末端。
3. 空载实验。
4. 短路实验。
5. 负载实验。

四、实验线路及操作步骤

首先,应了解电机实验机组和实验装置接线情况。实验面板的接线端子布置如图 5-1 所示。本实验机组中,被试的三相鼠笼式异步电动机的负载为直流测功机。

三相鼠笼式异步电动机的额定数据为:$P_N = 1.5\text{kW}$,$U_N = 380\text{V}$,$I_N = 3.68\text{A}$,$n_N = 1430\text{r/min}$,Y 接法,E 级绝缘。

直流测功机的额定数据为:$P_N = 3\text{kW}$,$U_N = 220\text{V}$,$I_N = 17\text{A}$,$n_N = 1500\text{r/min}$,励磁电流

$I_{fN}=1.075A$，励磁电压 $U_{fN}=220V$，励磁方式为并励，B 级绝缘。

实验时，应根据实验机组的额定数据决定实验仪表的量程。

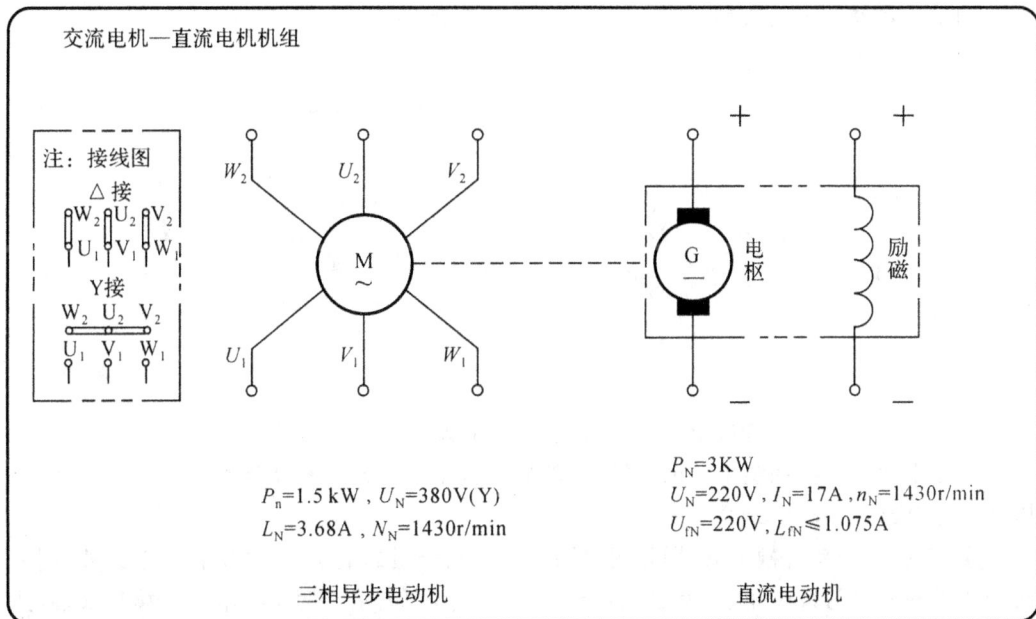

交流电机—直流电机机组

注：接线图
△接
Y接

M
~

G
电枢　励磁

$P_n=1.5\,kW$，$U_N=380V(Y)$
$L_N=3.68A$，$N_N=1430r/min$

三相异步电动机

$P_N=3KW$
$U_N=220V$，$I_N=17A$，$n_N=1430r/min$
$U_{fN}=220V$，$L_{fN}\leqslant1.075A$

直流电动机

图 5-1　实验面板的接线端子布置

1. 测量定子相绕组室温下的电阻

本实验用电桥法。测量与计算方法如下：

先用万用表测量大致的电阻值，再用电桥测量电阻值。测量时，应先将刻度盘旋转到电桥能大致平衡的位置，先按下电源按钮，再按下检流计按钮，接入检流计。测量完毕，应先断开检流计，再断开电源，以免检流计受到冲击。

若每相定子绕组均有首末端引出，可直接测量每相绕组电阻值，并记录于表 5-1 中，然后求得三相电阻值的算术平均值，该值作为相绕组在室温下直流电阻值。

若三相绕组在电机内部接成星形(Y)或三角形(△)时，应在电机三点出线端上，分别测得相应的三个电阻值，并求出其平均值 r_{av}，对于 Y 接法，每相绕组在室温下的直流电阻值为 $r_{1\theta}$，则有 $r_{1\theta}=\frac{1}{2}r_{av}$；对于△接法，则有 $r_{1\theta}=\frac{3}{2}r_{av}$。

实验时，应记下实验现场室温，以便换算到基准工作温度时的相电阻值。

表 5-1　　　　　　　　　　　　　　　　　室温　℃

序号	每次测量电阻值	相电阻平均值	基准工作温度时相电阻值
	$r(\Omega)$	$r_1(\Omega)$	$r_1(\Omega)$
1			
2			
3			

表中 r_1 的计算：$r_1=r_{1\theta}\dfrac{234.5+\theta_{\omega}}{234.5+\theta}$

式中，r_1 为换算到基准工作温度时的相绕组电阻，单位 Ω；r_1 为在室温下平均相电阻，单位 Ω；θ_∞ 为基准工作温度，对于 E 级绝缘为 75℃；θ 为实验时环境温度（室温），℃。

　　2.判别三相绕组的首末端

　　实验接线图如图 5-2 所示。

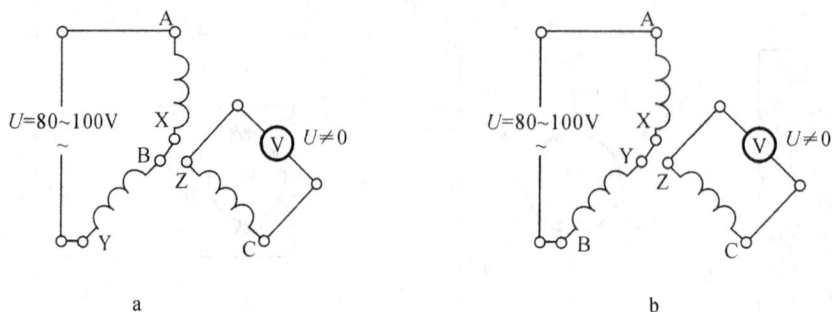

图 5-2　判别三相交流绕组首末端实验接线图

　　先用万用表测出各相绕组的两个端点，然后将其中的任意两相绕组相串联如图 5-2 所示。施以单相低电压 $U=80\sim100\text{V}$。

　　注意：电流不应超过额定值，用万用表测量第三相绕组的电压，如电压有一定读数，则表示该两相绕组的末端与首端相联。反之，如测得电压为零，则表示该两相绕组的末端与末端（或首端与首端）相联。

　　用同样的方法可测出第三相绕组的首末端。

　　3. 空载实验

　　实验接线图如图 5-3 所示。M 为被试三相鼠笼式异步电动机，G 为直流测功机。

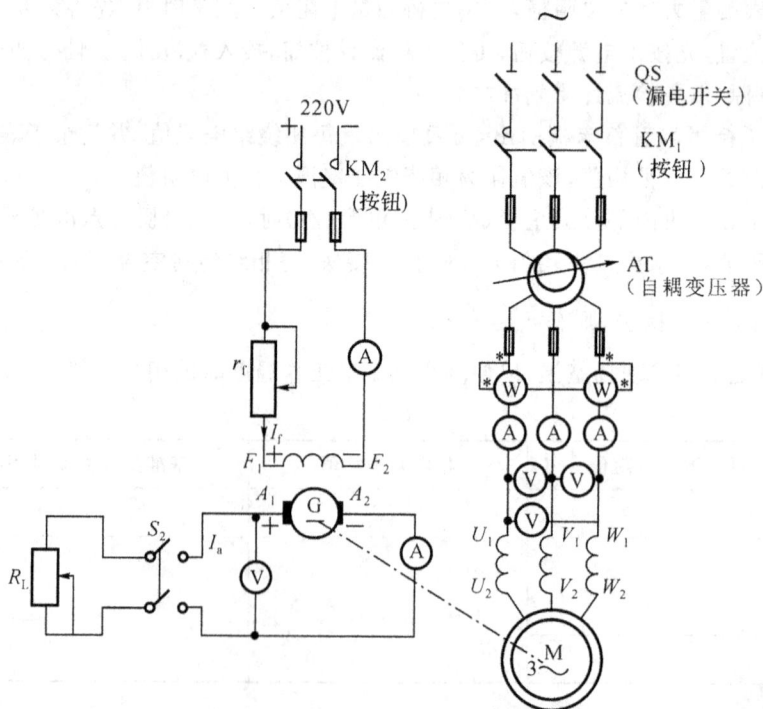

图 5-3　三相异步电动机实验机组接线图

首先应拔出联轴器弹簧销钉,使被试电动机与测功机脱离联接。调节三相自耦变压器AT,使其输出电压降到零,然后合上开关 QS、KM_1,接通电源,调节三相自耦变压器改变输出电压;观察异步电动机转向是否符合测功机转向要求;否则应切断电源停机,调整外施于电动机的三相电源相序,使之符合转向要求。

调节三相自耦变压器,逐渐升高电压到电动机的额定电压值,使电动机空载运行数分钟,待机械摩擦稳定后再进行实验。调节三相自耦变压器使输出电压至1.1倍额定值,然后逐渐降低电压,直至电动机转速显著降低时(电压约降至 $0.2U_N$ 左右)为止。在降压过程中,每次测取空载电压、空载电流和空载功率,共测 7~8 组数据,记录于表 5-2 中。其中额定电压点为必测点,并在额定电压附近多测几点。测毕,按电源"关"按钮停机。

表 5-2

序号	空载电压				空载电流				空载功率			空载功率因数
	U_{uv} (V)	U_{vw} (V)	U_{uw} (V)	U_0 (V)	I_u (A)	I_v (A)	I_w (A)	I_0 (A)	P_I (W)	P_{II} (W)	P_0 (W)	$\cos\varphi_0$

4. 短路实验(堵转实验)

实验接线图同图 5-3,但应注意变更仪表量程。

首先安装好联轴器弹簧销钉,使被试电动机与测功机同轴联接,销住测功机定转子,并将定子固定于底座;调节三相自耦变压器使其输出电压降到零,然后合上按钮 KM_1,接通电源,缓慢调节三相自耦变压器电压,使短路电流达到 1.2 倍额定电流,再逐渐降至 $0.2I_N$ 时为止。在降低电流过程范围内,每次测取短路电流和相应的短路电压、短路功率,共 4~5 组数据,其中短路电流等于额定电流为必测点,记录于表 5-3 中,短路实验动作应迅速,以免定子绕组过热。测毕,按电源"关"按钮停机。

表 5-3

序号	短路电压				短路电流				短路功率			短路功率因数
	U_{uv} (V)	U_{vw} (V)	U_{uw} (V)	U_K (V)	I_u (A)	I_v (A)	I_w (A)	I_K (A)	P_I (W)	P_{II} (W)	P_K (W)	$\cos\varphi_K$

5. 负载实验

实验接线图同图 5-3,但应注意变更仪表量程。

首先将测功机定子固定于底座的螺钉和测功机定转子之间的螺钉旋开,负载电阻 R_L 调至最大位置。调节三相自耦变压器使其输出电压降到零,然后合上按钮 KM_1,接通电源。调节三相自耦变压器,使输出电压至额定值,合上 KM_2,逐渐增加测功机负载,使异步电动机负载电流增加到 $1.25I_N$;保持电动机外施电压 $U_1=U_N$,调节测功机励磁电流或负载电流,使异步电动机负载电流逐渐减小,直至空载。在此范围内,每次测取异步电动机的定子电流、输入功率、转速和输出转矩,共约 5～6 组数据,记录于表 5-4 中。

测毕,将三相自耦变压器恢复到输出为零的状态,按电源"关"按钮停机。

表 5-4 $\qquad U_1=U_N=$ _____ V

序号	异步电机输入							异步电机输出		
	I_u(A)	I_v(A)	I_w(A)	I_1(A)	P_1(W)	P_1(W)	P_1(W)	M_2(N·m)	N(r/min)	P_2(W)

五、实验报告

1. 计算基准工作温度时的相电阻。

2. 作空载特性曲线:I_0、P_0、$\cos\varphi_0=f(U_0)$。

3. 作短路特性曲线:I_K、P_K、$\cos\varphi_K=f(U_K)$。

4. 由空载和短路实验的数据求取异步电机等效电路中的参数。

(1) 由短路实验数据求短路参数。

短路阻抗:$Z_K=U_K/(I_{K\varphi})$

短路电阻:$r_K=P_K/(3I_{K\varphi}^2)$

短路电抗:$x_K=\sqrt{Z_K^2-r_K^2}$

式中,$U_{K\varphi}$、$I_{K\varphi}$、P_K 分别为短路电流等于额定电流时的相电压、相电流、三相短路功率。

转子电阻的折算值:$r_2'\approx r_K-r_1$

定转子相绕组漏抗:$x_{1\sigma}\approx x'_{2\sigma}\approx\dfrac{1}{2}x_K$

(2) 由空载实验数据求激磁回路参数

空载阻抗:$Z_0=U_{0\varphi}/I_{0\varphi}$

空载电阻:$r_0=P_0/(3I_{0\varphi}^2)$

空载电抗:$x_0=\sqrt{Z_0^2-r_0^2}$

式中,$U_{0\varphi}$、$I_{0\varphi}$、P_0 分别为空载电压等于额定电压时的相电压、相电流、三相空载功率。

激磁电阻:$r_m=p_{Fe}/(3I_{0\varphi}^2)$

式中,p_{Fe}为额定电压时的铁耗,由图 5-4 中求取。

铁耗和机械损耗之和为:$p'_0 = p_{Fe} + p_{mec} = P_0 - 3I_0^2 r_1$

作曲线 $p'_0 = f(U_0^2)$ 如图 5-4 所示。延长此直线与纵轴相交,则交点的纵坐标便代表机械损耗 p_{mec},故可得在额定电压时的铁耗 p_{Fe}。

激磁电抗:$x_m = x_0 - x_{1\sigma}$

5. 做工作特性曲线 P_1、I_1、M_2、n、η、s、$\cos\varphi_1 = f(P_2)$

由负载实验数据计算工作特性,并填入表 5-5 中。

计算公式:$I_{1\varphi} = \dfrac{(I_u + I_v + I_w)}{3}$

$$s = 100\%$$

$$\cos\varphi_1 = P_1/(3U_{1\varphi}I_{1\varphi})$$

$$P_2 = 0.105M_2 \cdot n$$

$$\eta = \frac{P_2}{P_1} = 100\%$$

式中,$I_{1\varphi}$为定子绕组相电流,$U_{1\varphi}$为定子绕组相电压,s 为转差率,P_2 为输出功率,M_2 为输出转矩,η 为效率,n_1 为同步转速。

6. 由损耗分析法求额定负载时的效率。

电动机的总损耗 $\sum p$ 为:

定子绕组铜耗 $p_{Cu1} = 3(I_{1\varphi}^2)r_1$,铁耗 p_{Fe},转子绕组铜耗 p_{Cu2},机械损耗 p_{mec} 和附加损耗 p_{ad}。

电磁功率 $P_{em} = P_1 - p_{Cu1} - p_{Fe}$

$$p_{Cu2} = sP_{em}$$

$p_{adN} \approx 1\% \sim 0.5\% \ P_N$,对于非额定输出的各点,可按下列公式换算:

$$p_{ad} = p_{adN}(I/I_N)^2$$

式中,I 为各点的定子电流;I_N 为额定电流。计算各项损耗后,即可求出 P_2 与 η 的关系曲线。

$$P_2 = P_1 - \sum p = P_1 - (p_{Cu1} + p_{Fe} + p_{mec} + p_{Cu2} + p_{ad})$$

$$\eta = (P_1 - \sum p)/P_1 \times 100\%$$

式中,P_1 由功率表读取。

表 5-5 $U = U_N = $ _____ V

序号	电动机输入		电动机输出		计算值			
	$I_{1\varphi}$(A)	P_1(W)	M_2(N·m)	n(r/min)	P_2(W)	s(%)	η(%)	$\cos\varphi_1$

表中,$P_1 = P_1 + P_{II}$

六、思考题

1. 由空载、短路实验所得数据求取异步电动机的等效电路参数时,有哪些因素会引起误差?

2. 从短路特性曲线 $I_K = f(U_K)$ 形状可得出哪些结论?

3. 试分析由直接负载法和损耗分析法求得的电动机效率各存在什么误差?

实验二　三相异步电动机的启动与调速

一、实验目的

通过实验掌握三相异步电动机的启动和调速方法。

二、预习要点

1. 复习三相异步电动机有哪几种主要启动方法并比较它们的优缺点。
2. 复习三相异步电动机有哪几种主要调速方法并比较它们的优缺点。

三、实验项目

1. 三相鼠笼式异步电动机的直接启动。
2. 三相鼠笼式异步电动机的星形—三角形(Y-△)连接启动。

四、实验线路及操作步骤

三相鼠笼式异步电动机以直流测功机作为负载的实验机组,其额定数据同实验五实验机组数据。

1. 三相鼠笼式异步电动机直接启动

实验接线图如图 5-5 所示。

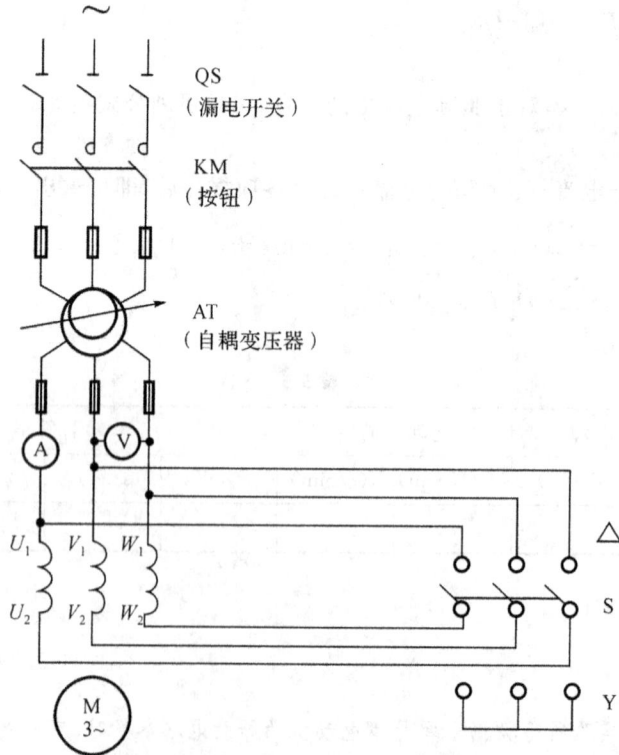

图 5-5　三相鼠笼式异步电动机的星形—三角形(Y-△)启动实验接线

首先安装好联轴器弹簧销钉,使被试电动机与测功机同轴连接,把开关 S 合向△接法侧。考虑到启动电流冲击,交流电流表的量程应选择 25A。调节三相自耦变压器 AT,使其输出电压降到零,然后合上开关 QS、KM$_1$,接通电源,逐渐增加自耦变压器 AT 输出电压,电动机启动旋转,观察电动机的转向是否符合要求(否则应切断电源停机,调整外施于电动机的电源相序)。调节三相自耦变压器输出线电压至 220V,断开电源停机。然后接通电源,使电动机在此电压下直接启动,这时读取电流表最大值(此电流可作为电机启动电流的估计值),记录于表5-6 中。电流表的最大电流值,虽不能完全代表启动电流,但可以与下面几种启动方法的启动电流冲击的最大电流值,作定性的比较。

要定量确定启动电流的大小可按以下方法实现:停机,将三相自耦变压器输出调至零位,用螺钉将测功机定转子销住。接通电源,调节三相自耦变压器输出电压,使电动机在堵转状态下定子电流达到 2~3 倍额定电流,测取此时的电压 U_K、电流 I_K、和转矩 M_K,记录下来以备求取在额定电压时的启动电流 I_{st} 和启动转矩 M_{st}。实验动作要迅速,通电时间不超过 10 秒,以免电机绕组过热,实验结束,按电源"关"按钮停机。旋出测功机定转子之间的螺钉。对应于额定电压时的启动电流 I_{st} 和启动转矩 M_{st} 的计算如下:

$$I_{st} = I_K$$

式中:U_K 为启动实验时的电压值,单位 V;U_N 为电机额定电压值,单位 V;

$$M_{st} = \left[\frac{I_{st}}{I_K}\right]^2 2M_K$$

式中,I_K 为启动实验时的电流值,单位 A;M_K 为启动实验时的转矩值,单位 N·m。

表 5-6

序号	直接启动(220V)	Y-△启动
	I_K(A)	I_K(A)

2.三相鼠笼异步电动机星形—三角形(Y-△)启动

实验接线图同图 5-5

将开关 S 置于中间位置。合上开关 QS、KM$_1$,接通电源,调节三相自耦变压器逐渐升压到线电压为 220V,断开电源,将开关 S 合向 Y 接法侧。合上按钮 KM$_1$,接通电源,使电动机成 Y 接法启动,读取启动时电流冲击的最大电流值,记录于表5-6 中,与其他启动方法作定性的比较,待电动机转速升高后,将开关 S 合向△接法侧,使定子绕组成三角形接法正常运行,整个启动过程结束。

五、实验报告

1.试比较异步电动机不同启动方法的优缺点。

2.由启动实验数据求以下二种情况启动电流和启动转矩:

(1)外施额定电压为 U_N;

(2)外施电压为 $U_N/\sqrt{3}$;

六、思考题

计算时用 $I_{st} = (U_N/U_K)I_K$ 和 $M_{st} = (I_{st}/I_K)^2 M_K$ 在什么情况下才能成立?

第六章　同步电机(大机组)

实验一　三相同步发电机的运行特性

一、实验目的

1.用实验方法测取同步发电机在对称负载下的运行特性。

2.由实验数据计算同步发电机在对称运行时的稳态参数。

二、预习要点

1.同步发电机在对称负载下运行有哪些基本特性？这些基本特性曲线大致形状如何？它们各在什么条件下测得？

2.怎样用实验数据和特性曲线计算对称运行时的稳态参数？

三、实验项目

1.测定电枢绕组室温下的电阻。

2.空载实验。

3.三相短路实验。

4.纯电感负载实验。

5.求取外特性曲线。

6.求取调整特性曲线。

四、实验线路及操作步骤

首先应了解电机实验机组和实验装置面板布置情况,其面板图如图 6-1 所示。因每一电机实验机组配置情况可能不同,实验时应根据具体机组情况决定实验中仪表和设备的量程及其接线方式。下面介绍某一实验机组数据情况,以供参考。

某一实验机组,被试的同步发电机,以并励直流电动机作为原动机,同步发电机自身带直流励磁发电机。其额定数据为:

交流同步发电机:$S_N = 3kVA$,$m_1 = 3$,$U_N = 400/230V$,$I_N = 5.45A$,$n_N = 1500r/min$,$f = 50Hz$,$\cos\varphi_N = 0.8$,$I_{fN} = 6A$,$U_{fN} = 34V$,E 级绝缘,连续运行,$Y/\triangle$。

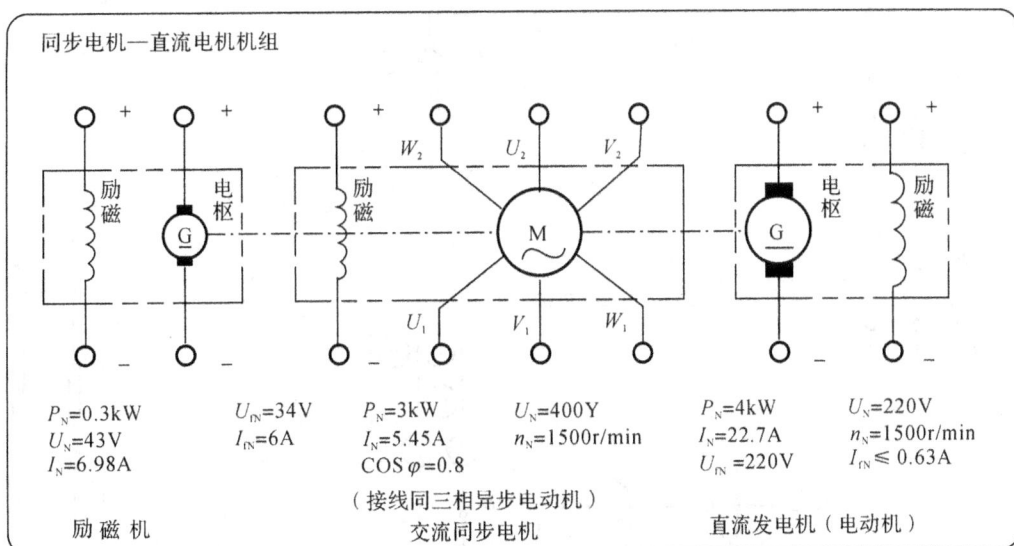

图 6-1　同步电机实验机组实验装置面板布置

直流励磁发电机：$P_N = 0.3\text{kW}$，$n_N = 2100\text{r/min}$，$U_N = 43\text{V}$，$I_N = 6.98\text{A}$，E 级绝缘，连续运行。

并励直流电动机：$P_N = 4\text{kW}$，$U_N = 220\text{V}$，$I_N = 22.7\text{A}$，$n_N = 1500\text{r/min}$，$I_{fN} = 0.63\text{A}$，$U_{fN} = 220\text{V}$，E 级绝缘，连续运行。

1. 测定电枢绕组在室温下的直流电阻

本实验用伏安法。测量与计算方法参考第五章实验一。

2. 空载实验

实验接线如图 6-2 所示。

同步发电机的负载开关 S_1、S_2 处于断开位置（若无两只开关可用一只并车开关代替，先后分别按每种实验内容接线），调节可变电阻器 R_1、r_f 使阻值为最大，r_{f1} 阻值为最小，合上直流电源开关 KM_2，启动直流电动机 M，使同步发电机的转速达到额定转速 1500r/min，并保持不变；改变 r_f 和 R_1，逐渐单调增加同步发电机的励磁电流，直至发电机的端电压达到 1.1 倍 U_N 为止，测取此时的三相电压及励磁电流；然后逐渐单调减小励磁电流 I_f 直至等于零为止。在这个过程中，测取励磁电流 I_f 和相应的空载电压 U_0 共 7～8 组数据，记录于表 6-1 中，便可得空载特性曲线的下降分支。在测取实验数据时，应在额定电压附近多测几点，而且 $U_0 = U_N$ 和 $I_f = 0$ 两点为必测点。

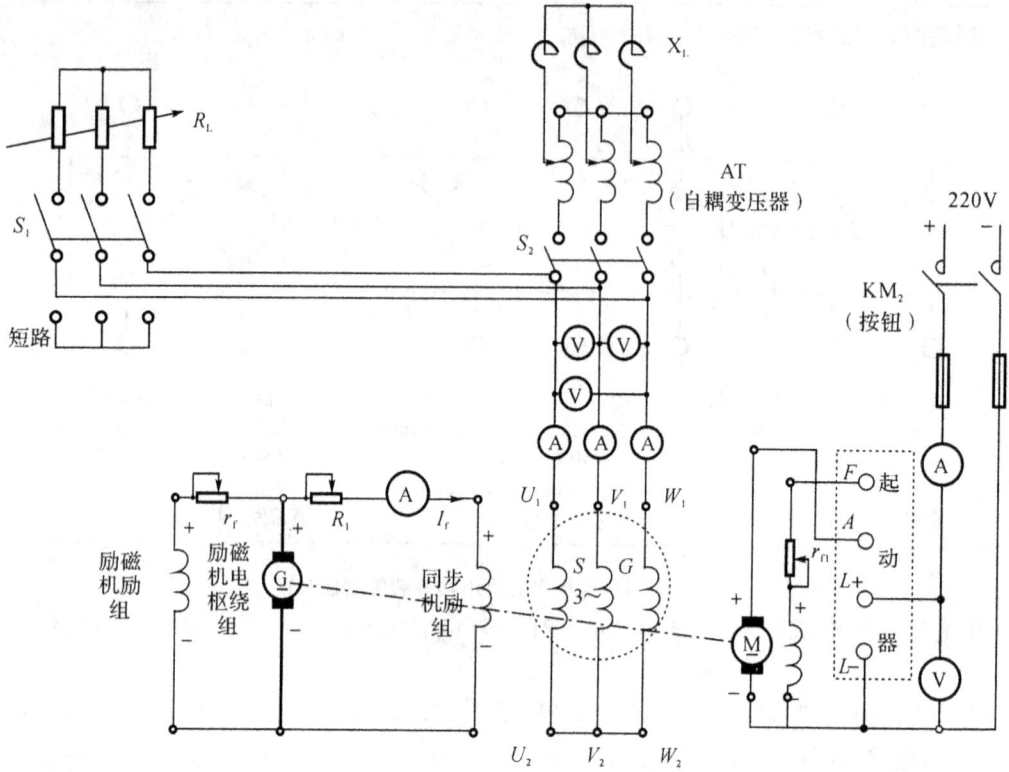

图 6-2 同步发电机空载短路负载实验接线图

表 6-1
$I=0, n=n_N=1500 \text{r/min}$

序号	空载电压					励磁电流		
	$U_{uv}(V)$	$U_{vw}(V)$	$U_{uw}(V)$	$U_0(V)$	U_0^*	$I_f(A)$	I_f^*	

表中, $U_0=(U_{uv}+U_{vw}+U_{uw})/3$; $U_0^*=U_0/U_N$; $I_f^*=I_f/I_{f0}$。

式中, U_N 为同步发电机的额定电压, 单位 V; I_{f0} 为空载额定电压时的励磁电流, 单位 A。

3. 短路实验

实验接线图如 6-2。

调节 R_1、r_f 使阻值为最大, 将开关 S_1 合向短路侧, 使发电机电枢三相绕组短路, 调节电机转速保持不变, 逐渐增加同步发电机的励磁电流 I_f, 使同步发电机短路电流 $I_k=1.2I_N$, 然后逐渐减小励磁电流 I_f 直至 $I_f=0$, 在这个过程中, 测取同步发电机的励磁电流和电枢绕组三相短路电流, 共测取 4~5 组数据, 记录于表 6-2 中。

表 6-2　　　　　　　$U=0$, $n=n_N=1500\text{r/min}$

序号	短路电流					励磁电流		
	$I_u(A)$	$I_v(A)$	$I_w(A)$	$I_K(A)$	I_K^*	$I_f(A)$	I_f^*	

表中, $I_K=(I_u+I_v+I_w)/3$; $I_K^*=I_K/I_N$; $I_f^*=I_f/I_{f0}$。

4. 纯电感负载实验

实验接线图如 6-2 所示。

调节 R_1、r_f 使阻值为最大,打开开关 S_1,将自耦变压器 AT 转盘置于输出电压达到最小值位置,合上开关 S_2,调节同步发电机转速达到额定转速,并保持不变,同时调节同步发电机的励磁电流和自耦变压器转盘,使同步发电机端电压达到 $1.1U_N$,且电枢电流达到额定值 I_N,在保持电枢电流 $I=I_N$ 的情况下,逐渐减小同步发电机的励磁电流 I_f,使发电机端电压逐渐降低至最小值,在发电机端电压下降过程中测取三相电压及励磁电流共测取 5～6 组数据,记录于表 6-3 中。

表 6-3

$n=n_N=$_____ r/min, $I=I_N$ _____ A　cos$\varphi=0$

序号	发电机端电压					励磁电流		
	$U_{uv}(V)$	$U_{vw}(V)$	$U_{uw}(V)$	$U(V)$	U^*	$I_f(A)$	I_f^*	

表中, $U=(U_{uv}+U_{vw}+U_{uw})/3$; $U^*=U/U_N$; $I_f^*=I_f/I_{f0}$。

5. 测取同步发电机在纯电阻负载时的外特性

实验接线图同图 6-2。

调节 R_1,使 I_f 减小,将自耦变压器转盘置于使输出电压达到最小值位置,打开开关 S_2,将变阻器 R_L 调到最大值,将开关 S_1 合向负载电阻 RL 侧;同时调节同步发电机转速 n、励磁电流 I_f 和负载电阻 R_L,使同步发电机转速 n,电枢电流 I 和端电压 U 均达到额定值。然后保持此时

发电机的励磁电流 I_f 和转速 $n=n_N$ 不变,逐渐增大负载电阻 R_L 使电枢电流逐渐减小,直到空载 $I=0$,在减小电枢电流过程中,测取三相电压和三相电流共 5～6 组数据,记录于表 6-4 中。

注意:空载电压为必测点。

表 6-4

$n=n_N=$ _____ r/min,$I=I_f$ _____ A　$\cos\varphi=1$

序号	三相电压				三相电流			
	$U_{uv}(V)$	$U_{vw}(V)$	$U_{uw}(V)$	$U(V)$	$I_u(A)$	$I_v(A)$	$I_w(A)$	$I(A)$

表中,$U=(U_{uv}+U_{vw}+U_{uw})/3$;$I=(I_u+I_v+I_w)/3$。

6.测取同步发电机在纯电阻负载时的调整特性

实验接线图同图 6-2。

保持发电机转速 $n=n_N$ 不变,空载时($I=0$)调节发电机励磁电流 I_f,使发电机端电压达到额定值;然后逐渐增加发电机负载,并同时调节发电机励磁电流 I_f,以保持发电机端电压不变。测取电枢电流 I 和相应的励磁电流 I_f,直至 $I=I_N$,共测取 4～5 组数据,记录于表 6-5 中。

注意:在测取数据时,空载点必测。

表 6-5

$U=U_N=$ _____ V,$n=n_N=$ _____ r/min,$\cos\varphi=1$

序号	负载电流				励磁电流
	$I_u(A)$	$I_v(A)$	$I_w(A)$	$I(A)$	$I_f(A)$

表中,$I=(I_u+I_v+I_w)/3$

五、实验报告

1. 根据实验数据绘出同步发电机的空载特性曲线、短路特性曲线、纯电感负载特性曲线、外特性曲线和调整特性曲线。

2. 由纯电感负载特性曲线和空载特性曲线求取同步电机的定子保梯电抗 X_p。

3. 由空载特性曲线和短路特性曲线求取同步电机的直轴同步电抗 X_d(不饱和值)。

4. 由空载特性曲线和纯电感负载特性曲线求取同步电机的直轴同步电抗 X_d(饱和值)。

5. 求取同步电机的短路比。

6. 由外特性实验数据求取电压调整率 $\Delta U\%$。

六、思考题

1. 定子漏抗 X_σ 与保梯电抗 X_p 有什么区别?

2. 由空载特性曲线和特性三角形作图法求得的零功率因数的负载特性与实测零功率因数负载特性有何差别? 为何引起这些差别?

实验二　三相同步发电机的并联运行

一、实验目的

1. 掌握三相同步发电机投入电网并联运行的条件和操作方法。
2. 掌握三相同步发电机与电网并联运行时有功和无功功率的调节。

二、预习要点

1. 三相同步发电机投入电网并联运行时,必须满足哪些条件?如何满足这些条件?不满足这些条件将产生什么后果?
2. 三相同步发电机投入电网并联运行时,如何调节有功功率和无功功率?并说明其物理过程。

三、实验项目

1. 用准确同步法将三相同步发电机投入电网并联运行。
2. 用自同步法将三相同步发电机投入电网并联运行。
3. 三相同步发电机与电网并联运行时有功功率的调节。
4. 三相同步发电机与电网并联运行时无功功率的调节。
(1) 测取当输出功率等于零时三相同步发电机的 V 形曲线。
(2) 测取当输出功率等于 0.5 倍额定功率时三相同步发电机的 V 形曲线。

四、实验线路及操作步骤

实验接线如图 6-3 所示。

1. 用准同步法将三相同步发电机投入电网并联运行

三相同步发电机与电网并联运行时必须满足的条件如下:

(1) 发电机端电压与电网电压大小和相位相同,即 $E_{0II}=U_1$;

(2) 发电机的频率与电网频率相同,即 $f_{II}=f_1$;

(3) 发电机与电网的相序相同。

本实验按灯光旋转法接线,即指示灯按图 6-3 接线。图中电压表与指示灯(两只指示灯串联)应按 2 倍电网额定电压选择,若电压表分别测量发电机电压和电网电压时,则电压表的量程只按电网额定电压选择。

合上开关 KM_2,启动原动机(并励直流电动机),使同步发电机的转速接近额定值;调节同步发电机的励磁电流,使同步发电机的端电压等于电网电压;按灯光旋转法接线时,若三相相灯依次明灭形成旋转灯光,则表示发电机与电网的相序相同。如发现三相的相灯同时发亮,同时熄灭,这说明发电机与电网的相序不一致,应将开关 KM_1 打开,然后将发电机(或电网)任意两相互换,使相序一致;当发电机转速接近同步转速,发电机端电压与电网电压相等或接近,各相灯光依次明灭而旋转的速度达到最慢,待直接相连的一相(即 A 相)灯光熄灭时,立即合上开关 S_1,把同步发电机投入电网并联运行。

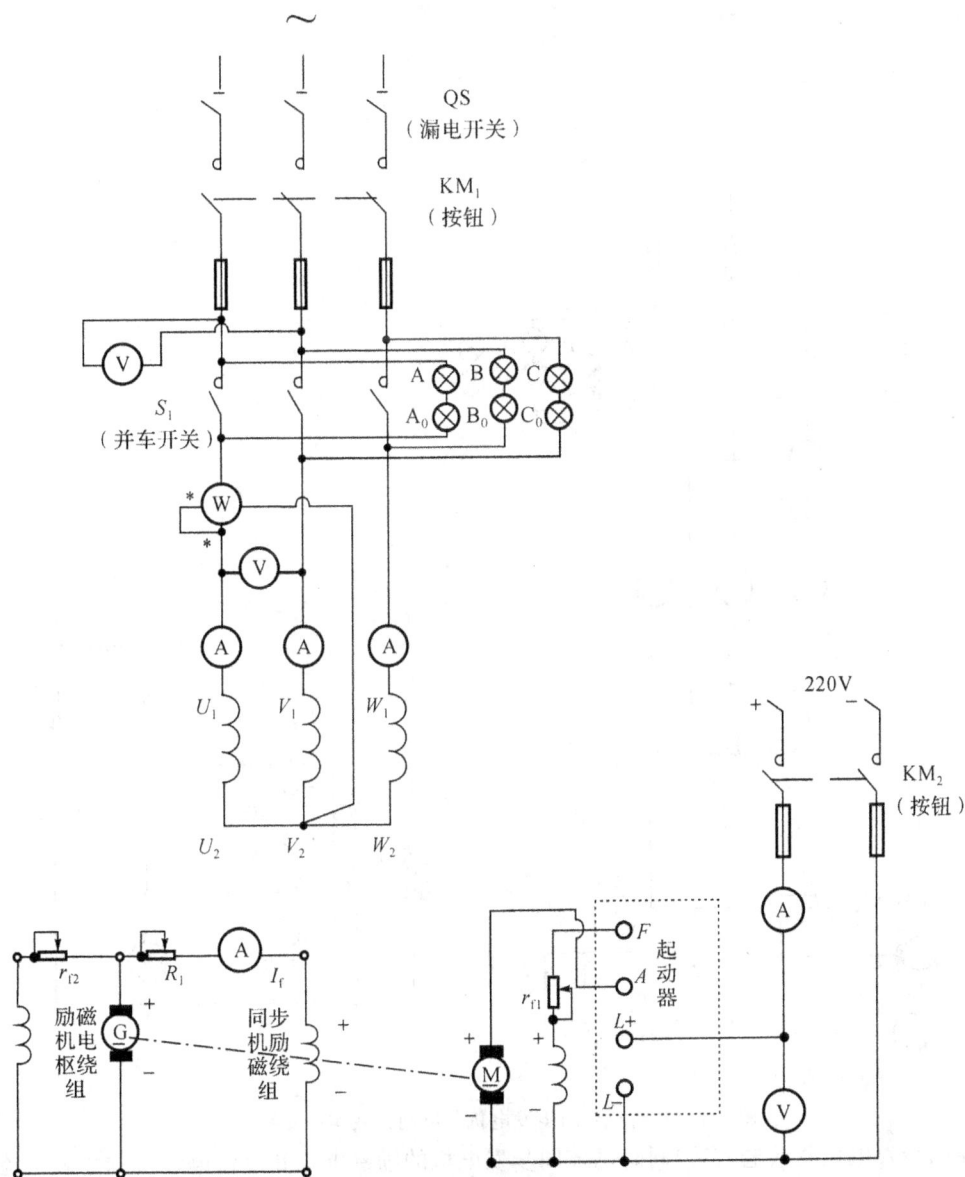

图 6-3　准同步法同步发电机与电网并联实验接线图

2. 用自同步法将三相同步发电机投入电网并联运行

实验接线图如图 6-4。并联前首先要用相序指示灯检验同步发电机与电网的相序是否一致;限流电阻 R_T 的电阻值约为同步发电机的励磁绕组电阻的 10 倍。

调节直流电动机转速,使同步发电机的转速接近同步转速(允许与同步转速相差±5% n_N),调节可变电阻器 r_{f2},使发电机空载端电压与电网电压大约相等,并保持此时电阻 r_{f2} 阻值不变。将按钮 KM_1 合上,再将开关 S_2 合向限流电阻 R_T 侧;合上开关 S_1,将同步发电机并入电网,同时应立即将开关 S_2 合向同步发电机的励磁电源侧,送入励磁电流,同步发电机利用"自整步"原理,使发电机迅速牵入同步。

3. 三相同步发电机与电网并联运行时有功功率的调节

实验接线同图 6-3。

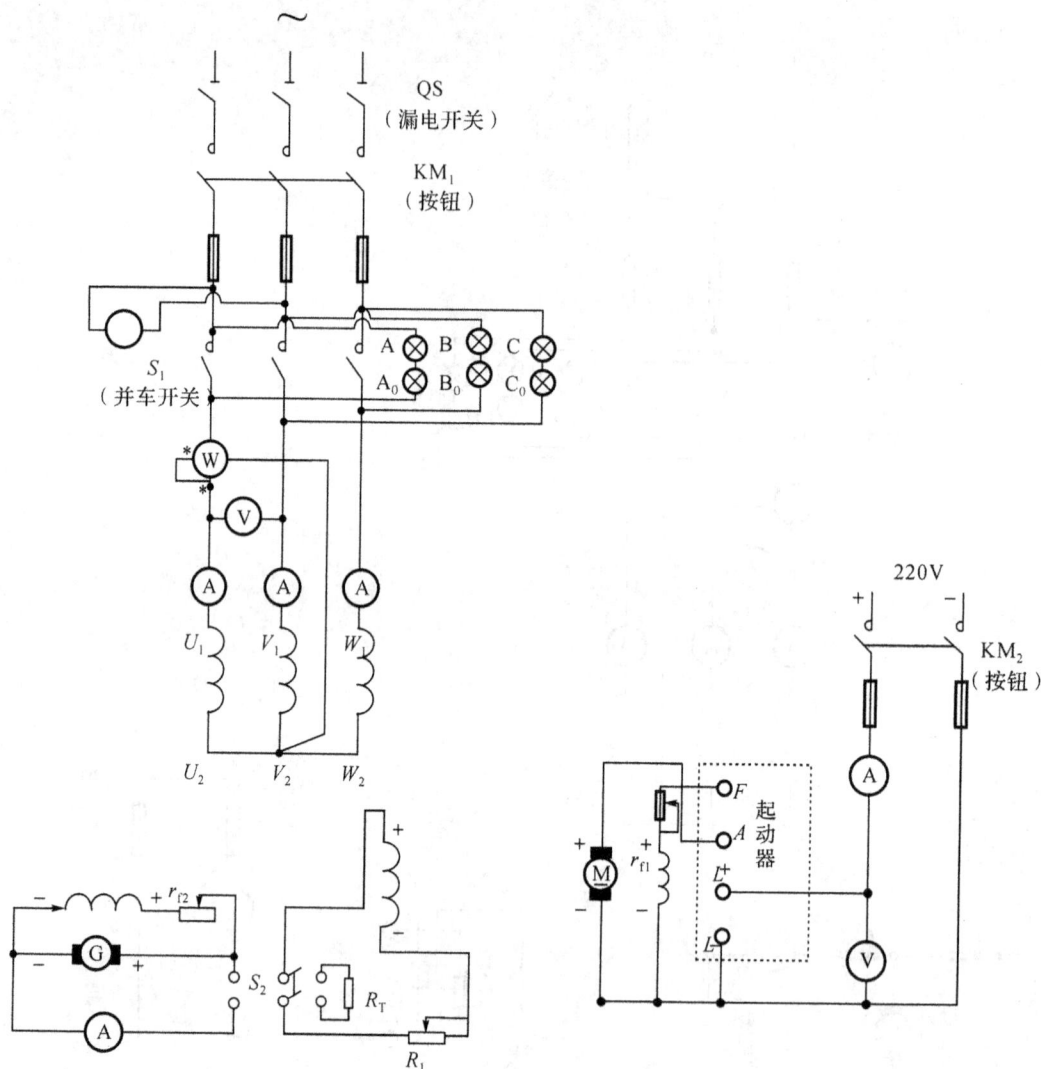

图 6-4 自同步法同步发电机与电网并联实验接线图

在同步发电机并入电网后,同时调节同步发电机的励磁电流和直流电动机的励磁电流,使同步发电机电枢电流接近零,这时相应的同步发电机的励磁电流 $I_f = I_{f0}$。保持 $I_f = I_{f0}$ 不变,调节直流电动机的励磁电流,使同步发电机的输出功率 P_2 增加,在同步发电机的电枢电流从接近于零增大到额定电流范围内,测取发电机的三相电流、三相功率和功率因数共 5~6 组数据,记录于表 6-6 中。

表 6-6

$n=n_N=$ ____ r/min,$U=U_N=$ ____ V,$I_{f0}=$ ____ A

序号	输出电流				输出功率		功率因数
	$I_u(A)$	$I_v(A)$	$I_w(A)$	$I(A)$	$P_1(W)$	$P_2(W)$	$\cos\varphi$

表中,$I=(I_u+I_v+I_w)/3$;$P_2=3P_1$。

4. 三相同步发电机与电网并联运行时无功功率的调节

(1)测取当输出功率等于零($P_2\approx0$)时三相同步发电机 V 形曲线

实验接线图同图 6-3。

在同步发电机并入电网后,调节直流电动机的励磁电流,使同步发电机的输出功率 $P_2\approx0$。

在保持 $P_2=0$ 条件下,增加同步发电机的励磁电流 I_f,使同步发电机的电枢电流增加到接近额定值,记录此点的励磁电流、电枢电流,然后减少同步发电机的励磁电流 I_f,使发电机的电枢电流减小到最小值,并记录此点数据,继续减小发电机的励磁电流,则电枢电流又将增大,直至接近额定值,在这个过励和欠励的范围内测取 5~6 组数据,记录于表 6-7 中。

注意:在实验的过程中,电流应单方向调节。

表 6-7

$n=n_N=$ ____ r/min,$U=U_N=$ ____ V,$P_2\approx0$,$P_1\approx$ ____ A

序号	三相电流				励磁功率
	$I_u(A)$	$I_v(A)$	$I_w(A)$	$I(A)$	$I_f(A)$

表中,$I=(I_u+I_v+I_w)/3$。

(2)测取当输出功率等于 0.5 倍额定功率时三相同步发电机的 V 形曲线

调节直流电动机的励磁电流,使同步发电机的输出功率 $P_2=0.5$ 倍额定功率。在保持 $P_2=0.5P_N$ 条件下,增加同步发电机的励磁电流,使同步发电机电枢电流增加至接近额定值,记录此点的励磁电流、电枢电流和功率因数;然后减小发电机的励磁电流,使发电机的电枢电流减小到最小值,并记录此点数据,继续减小同步发电机的励磁电流,则电枢电流又将增大,直至接近额定值,但不可欠励过多,以防同步发电机失步,若出现失步,应立即增加发电机励磁电流,以便牵入同步,同时注意电枢电流不应超过额定值。在这个过励和欠励的范围内测取 5～6 组数据,记录于表 6-8 中。

注意:在实验的过程中,电流应单方向调节。

表 6-8

$$n=n_\mathrm{N}=\underline{\qquad}\mathrm{r/min},U=U_\mathrm{N}=\underline{\qquad}\mathrm{V},P_2\approx0.5P_\mathrm{N}(P_1\approx0.17P_\mathrm{N})$$

序号	三相电流				励磁电流	功率因数
	$I_\mathrm{u}(A)$	$I_\mathrm{v}(A)$	$I_\mathrm{w}(A)$	$I(A)$	$I_\mathrm{f}(A)$	$\cos\varphi$

表中,$I=(I_\mathrm{u}+I_\mathrm{v}+I_\mathrm{w})/3$;$P_2=3P_1$。

五、实验报告

1. 试分析三相同步发电机用准同步法和自同步法投入电网并联运行的优缺点。

2. 试叙述三相同步发电机投入电网时,若不满足投入电网并联运行条件将引起什么后果?

3. 试说明三相同步发电机投入电网并联运行时,有功功率和无功功率的调节方法。

4. 绘出 $P_2\approx0$ 和 $P_2\approx0.5P_\mathrm{N}$ 时同步发电机的 V 形曲线并加以说明。

六、思考题

1. 试说明用自同步法将三相同步发电机投入电网并联运行时,先把同步发电机的励磁绕组与 10 倍励磁绕组电阻组成闭合回路的作用;附加电阻值太大或太小有什么缺点?

2. 三相同步发电机与电网并联运行调节无功功率时,除了调节同步发电机的励磁电流外,为何还要同时调节直流电动机的励磁电流?

3. 自同步法将三相同步发电机投入电网并联运行时,先把发电机带动到接近同步转速,若发电机实际转速与同步转速相差太多,将产生什么后果?

实验三　三相同步电动机

一、实验目的

1. 掌握三相同步电动机的异步启动方法。
2. 测取三相同步电动机的 V 形曲线。
3. 测取三相同步电动机的工作特性。

二、预习要点

1. 三相同步电动机异步启动的原理及操作步骤。
2. 三相同步电动机的 V 形曲线是在什么条件下测得的?为什么同步电动机的功率因数是可以人为调节的?

三、实验项目

1. 三相同步电动机的异步启动。
2. 测取三相同步电动机的 V 形曲线。
3. 测取三相同步电动机的工作特性曲线。

四、实验线路及操作步骤

1. 三相同步电动机的异步启动

三相同步电动机的异步启动实验接线图如图 6-5 所示。将可变电阻 R_1 和 r_{f2} 调节到恰当阻值,使(估计)同步电动机在额定运行时励磁电流约为额定值;附加电阻 R_T 的阻值约为同步电动机励磁绕组电阻值 10 倍。

把开关 S 合向附加电阻 R_T 侧,使同步电动机励磁绕组串入附加电阻 R_T 而闭路;启动时应检验电机旋转方向是否符合电动机规定的旋转方向;启动电压需经自耦变压器 AT 降压;故应检查自耦变压器的调压转盘是否退到零位。

调节自耦变压器输出电压约为 $80\% \, U_N$,合上按钮 KM_1,使电动机启动,当电机转速达到同步转速附近,立即将开关 S 合向同步电动机的直流励磁机侧,送入励磁电流,同步电动机因整步转矩的作用,电动机被强行牵入同步,然后再调节自耦变压器,使输出电压达到同步电动机额定电压值,同时调节同步电动机的励磁电流 I_f,使电枢电流达到最小值,整个异步启动过程结束。

2. 测取三相同步电动机的 V 形曲线。

(1)测取三相同步电动机输出功率 $P_2 \approx 0$ 时的 V 形曲线

直流发电机 G_1 不加励磁,这时同步电动机的输出功率仅为直流发电机的机械损耗和剩磁在直流发电机转子中引起的不大的铁耗,故同步电动机输出功率 $P_2 \approx 0$。

保持同步电动机输出功率 $P_2 \approx 0$ 不变,增大同步电动机的励磁电流 I_f,使电枢电流增加到 I_N 为止,记录此点的励磁电流、电枢电流、输入功率和功率因数;然后逐渐减小励磁电流 I_f,使电枢电流达到最小值,记录此点数据,继续减小励磁电流 I_f,则电枢电流又将增加,直到额定

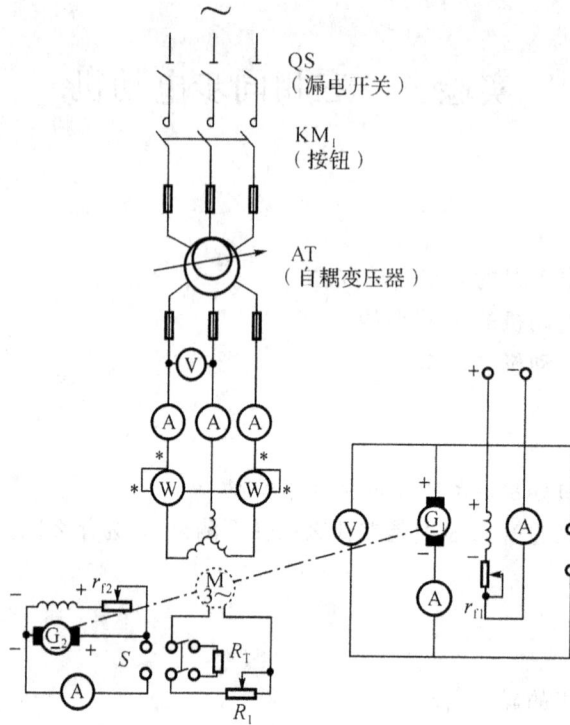

图 6-5　同步电动机实验接线图

值,在这个过励和欠励范围内,测取 5～6 组数据,记录于表 6-9 中。**注意**:在实验的过程中,电流应单方向调节。

表 6-9　　　　　　　　　$n＝n_N＝$＿＿＿＿ r/min,$U＝U_N＝$＿＿＿＿ V,$P_2≈0$

序号	三相电流				励磁电流	输入功率			功率因数
	I_u(A)	I_v(A)	I_w(A)	I(A)	I_f(A)	P_I(W)	P_{II}(W)	P_1(W)	$\cos\varphi$

表中 $I＝(I_u＋I_v＋I_w)/3$;$P_1＝P_I＋P_{II}$。

五、实验报告

绘出 $P_2≈0$ 时同步电动机的 V 形曲线 $I＝f(I_f)$,并说明电枢电流的性质。

六、思考题

1. 同步电动机在异步启动过程中,为何励磁绕组必须串入 10 倍励磁绕组电阻值的附加电阻而闭路?此附加电阻的阻值太大或太小将产生什么后果?

2. 在保持恒功率输出测取 V 形曲线时,输入功率有什么变化?为什么?

实验四　三相同步发电机参数的测定

一、实验目的

掌握三相同步发电机参数的测定方法,对实验结果进行分析,并对这台同步发电机做出评估。

二、预习要点

1. 同步发电机参数 X_d、X_q、X_d'、X_q'、X_d''、X_p''、X_0、X_- 各代表什么物理意义? 它们各对应什么磁路的耦合关系? 各用什么方法测取?

2. 怎样判断同步电机定子旋转方向与转子的转向是同向,还是反向?

3. 负序电抗比同步电抗大? 还是小?

三、实验项目

1. 用转差法测定同步发电机的同步电抗 X_d、X_q。

2. 用反同步旋转法测定同步发电机的负序电抗 X_- 及负序电阻 r_-。

3. 用单相电源测定同步发电机的零序电抗 X_0。

4. 用静止法测定同步发电机的超瞬变电抗 X_d''、X_q'' 或瞬变电抗 X_d'、X_q'。

四、实验线路及操作步骤

1. 用转差法测定同步发电机的同步电抗 X_d、X_q。

实验接线如图 6-6 所示。

在测 X_d、X_q 时不接功率表,或把功率表的电流线圈短接。S 合向左边,合上 KM_2,启动直流电动机 M,调节电机转速,使其接近同步转速;合上按钮 KM_1,缓慢调节自耦变压器 AT,使输出电压从零逐渐升高到数伏,观察同步发电机所接的交流电压表、交流电流表及发电机励磁绕组所接的直流电压表,若它们的指针做周期性的缓慢摆动,即表示同步发电机电枢产生的旋转磁场转向与转子的转向一致,如果指针只有轻微震动,而无摆动,则说明同步发电机电枢旋转磁场的转向与转子的转向不一致,这时应停机,并将外施于同步发电机的电源任意两相互换。调节自耦变压器 AT,使输出电压逐渐升高到约 $5\%\sim15\%U_N$。电压不宜过高,以免因磁阻转矩将电机牵入同步;同时外施电压也不能过低,以免剩磁电压引起过大的误差;继续调节电机转速,使同步发电机的电枢电流表的指针摆动很慢,在同一瞬间,测取电枢电流作周期性摆动的最大值与相应的电压最小值,以及电流的最小值与相应的电压最大值,将这些数据记录于表 6-10 中。

计算:

$$X_q = \frac{U_{min}}{\sqrt{3}\,I_{max}}\,;\quad X_d = \frac{U_{max}}{\sqrt{3}\,I_{min}}\,;$$

X_d、X_q 各测取三次,求其平均值作为发电机的 d 轴和 q 轴的同步电抗值。

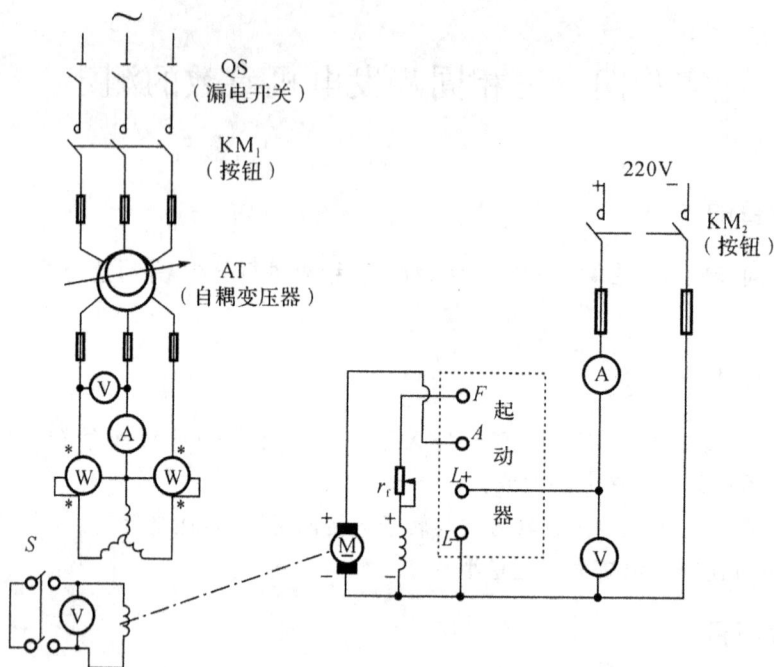

图 6-6　转差法测同步电抗实验接线图

表 6-10　　　　　　　　　　　　　　　　　　　$n = n_N = $____ r/min

序号	I_{max}(A)	U_{min}(V)	X_q(Ω)	I_{min}(A)	U_{max}(V)	X_d(Ω)

2. 用反同步旋转法测定同步发电机的负序电抗 X_- 及负序电阻 r_-

实验接线图如图 6-6 所示。

将自耦变压器 AT 的转盘退至零位,打开开关 KM_2、KM_1 停机;将开关 S 合向右边,使转子绕组短接,将外施于同步发电机的电源任意两相互换,以改变相序,将功率表被短接的电流线圈打开,使它恢复正常测量状态。

合上 KM_2,启动直流电动机,调节其转速达到同步发电机的额定转速并保持不变;合上按钮 KM_1,缓慢自耦变压器 AT,逐渐升高电压;直到同步发电机电枢电流达到 30%~40% 额定电流值,测取电枢电流,电压和功率,记录于表 6-11 中。

表 6-11　　　　　　　　　　　　　　　　　　　$n = n_N = $____ r/min

I(A)	U(V)	$P_Ⅰ$(W)	$P_Ⅱ$(W)	P(W)	r_-(Ω)	X_-(Ω)

表中:$P = P_Ⅰ + P_Ⅱ$。

计算:$Z_- = U/(\sqrt{3}\,I)$;$r_- = P/(3I^2)$;$X_- = \sqrt{Z_-^2 - r_-^2}$

3. 用单相电源测定同步发电机的零序电抗 X_0。

实验线路如图 6-7 所示。

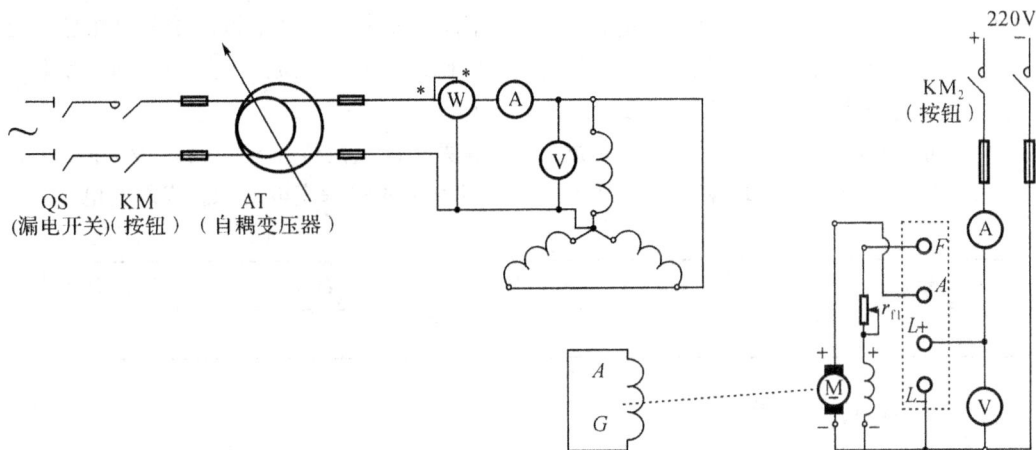

图 6-7 测定零序电抗实验接线图

将同步发电机励磁绕组短接,同步发电机电枢三相绕组并联后经自耦变压器 AT 接于单相电源。

合上 KM_2,启动直流电动机,使其转速达到同步发电机额定转速;合上按钮 KM_1,缓慢调节自耦变压器 AT,使输出电压从零开始逐渐升高,直到同步发电机每相电枢电流达到 $30\%\sim$ 40% 额定电流,总电流约为额定值,测取此时发电机电枢总电流,电压和功率,记录于表 6-12 中。

表 6-12 $n=n_N=$ r/min

$I(A)$	$U(V)$	$P(W)$	$r_0(\Omega)$	$X_0(\Omega)$

计算:$Z_0=U/I^*$;$r_0=P/(3I_2^*)$;$X_0=\sqrt{Z_0^2-r_0^2}$;$I^*=\dfrac{1}{3}I$。

4. 用静止法测定超瞬变电抗 X_d''、X_q'' 或瞬变电抗 X_d'、X_q'

实验线路如图 6-8 所示。

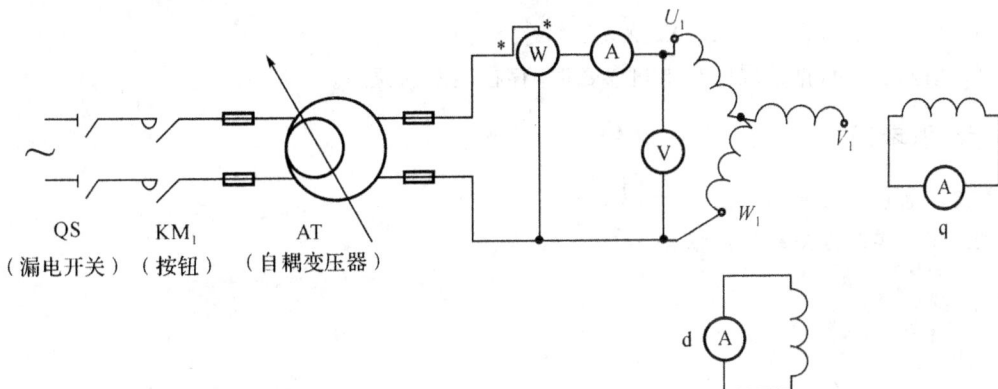

图 6-8 测定超瞬变电抗 X_d''、X_q'' 或瞬变电抗 X_d'、X_d' 实验接线图

同步发电机转子处于静止状态,转子绕组串联一交流电表短接,同步发电机电枢任意两相

绕组串联后经自耦变压器 AT 接于单相电源。

合上开关 QS、KM₁,缓慢调节自耦变压器,使输出电压从零开始逐渐升高,直到同步发电机电枢电流接近额定值,慢慢转动发电机转子,观察同步发电机电枢电流及励磁绕组感应电流的变化,仔细调整发电机转子位置,使电枢电流及励磁绕组感应电流均达到最大值,测取此时的电枢电流,电压和功率值,记录于表 6-13 中。

再把同步发电机转子转过 180°电角度位置(本实验被试同步发电机为四极,即转子转过 90°机械角度),再测取一组数据。求其平均值作为发电机的超瞬变电抗 X''_d(或瞬变电抗)值。

表 6-13 $n=0$

序号	U(V)	P(W)	I(A)	X''_d(或 X'_d)(Ω)

表中 X''_d(或 X'_d)的计算:

计算:$Z''_d=U/2I$;$r''_d=P/2I$;X''_d(或 X'_d)$=\sqrt{Z''^2_d-r''^2_d}$。

把同步发电机的转子转过 90°电角度位置(本实验转子转过 45°机械角度),再仔细调整转子位置,使电枢电流及励磁绕组感应电流均达到最小值,测取电枢电流,电压和功率,记录于表 6-14 中。

同样,再把转子转过 90°机械角度,测取一组数据,记录于表中。求其平均值作为发电机的超瞬变电抗 X''_q(或瞬变电抗 X'_q)值。

表 6-14 $n=0$

序号	U(V)	P(W)	I(A)	X''_q(或 X'_q)(Ω)

表中 X''_q(或 X'_q)的计算:

计算:$Z''_q=U/2I$;$r''_q=P/2I$;X''_q(或 X'_q)$=\sqrt{Z''^2_q-r''^2_q}$。

若发电机无阻尼绕组,则所测的电抗为瞬变电抗 X'_d、X'_q。

五、实验报告

1. 根据实验数据计算 X_d、X_q、X'_d、X'_q、X''_d、X''_q、X_0、X_-、r_-。
2. 根据实验数据求取同步电机参数时,存在误差的原因。

六、思考题

1. 各电抗参数的物理意义。
2. 各项实验方法的理论根据。